自然保护系列丛书　丛书主编／崔国发

宁夏灵武白芨滩国家级自然保护区
综合科学考察报告

COMPREHENSIVE INVESTIGATION REPORT ON BAIJITAN NATIONAL NATURE RESERVE
IN LINGWU CITY OF NINGXIA

王兴东／主编

魏蒙　成克武／执行主编

中国林业出版社
China Forestry Publishing House

图书在版编目(CIP)数据

宁夏灵武白芨滩国家级自然保护区综合科学考察报告/王兴东主编;魏蒙,成克武执行主编. —北京:中国林业出版社,2018.6

ISBN 978 – 7 – 5038 – 9612 – 5

Ⅰ.①宁…　Ⅱ.①王…　②魏…　③成…　Ⅲ.①自然保护区 – 科学考察 – 考察报告 – 灵武　Ⅳ.①S759.992.434

中国版本图书馆 CIP 数据核字(2018)第 117843 号

中国林业出版社·生态保护出版中心
策划编辑:刘家玲
责任编辑:曾琬淋　刘家玲

出　　版:中国林业出版社(100009　北京市西城区德内大街刘海胡同 7 号)
　　　　　http://lycb.forestry.gov.cn　　电话:(010)83143576　83143519
发　　行:中国林业出版社
印　　刷:固安县京平诚乾印刷有限公司
版　　次:2018 年 7 月第 1 版
印　　次:2018 年 7 月第 1 次
开　　本:787mm×1092mm　1/16
印　　张:9.5
彩　　插:24P
字　　数:230 千字
定　　价:60.00 元

编委会

主　　编：王兴东

执行主编：魏　蒙　成克武

副 主 编：王　才　王瑞霞　谢　磊　赵格日乐图
　　　　　邢韶华　田睿林

科学顾问：崔国发

参加科考和编写人员：

宁夏灵武白芨滩国家级自然保护区管理局

王兴东　魏　蒙　王　才　王瑞霞　王　俊
马兴国　杨玉刚　吴大利　杨学龙　杨学勇
郝韶福　吴银梅　赵海斌　李海燕　杨淑琴
王建勋　兰鹏华　王玉国　杨金江　叶翕林
王小林　王　燕　张世军　马少刚　张　童
郭梦春　杨丽丽　杨　娟　马少岐　李海超
马国栋　尤自林　马利民　马晓晨　马丽群
刘　岩　杨　雪　李志伟　马万华　李海瑞
杨兴军　王兴成　郭志霖　高俊峰　马　龙
赵香君　党政伟　闫永刚　王海龙　岳　悦

河北农业大学

成克武　吴京民　段一然　周晓芳　赵佳训

北京林业大学

谢　磊　邢韶华　崔国发　姚　敏　刘慧杰
刘雷雷　张丹棵　张亚楠

内蒙古师范大学

赵格日乐图　田睿林　乌　宁　布日格德
灵　燕　高　敏

图片摄影：魏　蒙　谢　磊　赵格日乐图　成克武

绘　　图：邢韶华

前　言

　　宁夏灵武白芨滩国家级自然保护区位于宁夏回族自治区灵武市东部荒漠地区，总面积 70921hm²，属于荒漠类型自然保护区。主要植被类型有草原、荒漠及草原向荒漠过渡带三大类，在保护区辽阔的山地区域和荒漠平原上，分布有多种国家级重点保护野生动植物，是我国北方重要的以荒漠生态系统与野生动植物保护为主的自然保护区。

　　白芨滩国家级自然保护区的前身是白芨滩防沙林场，始建于 1953 年，1986 年经宁夏回族自治区人民政府批准建立了区（省）级自然保护区，2000年由国务院批准晋升为国家级自然保护区。1998—1999 年，宁夏灵武白芨滩自然保护区开展了首次系统的科学考察工作，1999 年 10 月出版了《宁夏白芨滩自然保护区科学考察集》。

　　2005 年，为促进宁夏的经济发展，配合西部大开发战略，国务院以国办函发〔2005〕029 号文件批准白芨滩国家级自然保护区进行边界范围、面积和功能分区调整，以满足宁东能源重化工基地建设对保护区部分区域地下煤炭等资源的开采需求，调整后的白芨滩国家级自然保护区总面积由批准设立时的 81800hm² 调整为 74843hm²。2010 年，为了打通银川到宁东能源重化工基地的交通、运输、水电、天然气通道，妥善解决环境保护、资源开发、经济发展之间的矛盾，对保护区面积再次进行了调整。环境保护部以环函〔2013〕161 号文件批准保护区面积调整为 70921hm²。在边界调整方案制订过程中，白芨滩国家级自然保护区于 2009 年 12 月至 2010 年 2 月开展了第二次综合科学考察，并以《宁夏灵武白芨滩国家级自然保护区科学考察集》（2003 版）为基础，完成了《宁夏灵武白芨滩国家级自然保护区科学考察报告》（2010 版）。

　　近几年，随着我国自然保护区建设和管理的规范化，建立保护区地理信息系统和生物多样性数据库成为保护区建设管理中的一项重要内容，以便为保护区的有效保护和管理提供完整、准确的基础资料和决策依据。为适应自然保护区建设管理需求，全面及时了解白芨滩国家级自然保护区生物多样性和自然资源现状，掌握珍稀濒危物种和荒漠植被消长动态，2014 年，宁夏灵武白芨滩国家级自然保护区管理局决定开展第三次保护区综合科考，并以科考所获取的相关信息建立白芨滩国家级自然保护区地理信息系统和生物多样性数据库。由北京林业大学自然保护区学院为主组成的科考队伍，对白芨滩国家级自然保护区进行了全面系统的动植物资源、植被、社会经济和生态环境调查，对保护区管理机构、管理水平和管理成就进行了分析评价，完成了本次科学考察报告，编著成《宁夏灵武白芨滩国家级自然保护区综合科学考察报告》一书。

与以往科考结果相比，本次综合科考共取得以下成果：

（1）对白芨滩国家级自然保护区野生植物资源系统调查结果：本次调查新发现 8 种保护区新记录植物。编目统计结果为，保护区共有维管植物 55 科 172 属 311 种。其中，蕨类植物只有 1 科 1 属 3 种，种子植物 54 科 171 属 308 种。

（2）对白芨滩国家级自然保护区陆栖野生脊椎动物调查结果：本次调查新发现 14 科 60 种保护区新记录种，统计陆栖野生脊椎动物有 56 科 129 种。其中两栖动物 2 科 2 属 2 种，爬行动物 3 科 5 属 8 种，鸟类 39 科 72 属 97 种，哺乳动物 12 科 20 属 22 种。保护区陆栖野生脊椎动物科数、种数分别占宁夏回族自治区陆栖野生脊椎动物科数、种数的 69.1% 和 29.8%，反映出白芨滩国家级自然保护区在宁夏野生动物多样性的保护中具有较为重要的地位。

（3）对白芨滩国家级自然保护区植被调查分类结果：将白芨滩国家级自然保护区植被划分为 4 个植被型组、5 个植被型、8 个植被亚型、20 个群系组、33 个群系，不仅比以往科考中的植被类型划分多出 2 个植被型组和 22 个群系，而且首次对白芨滩国家级自然保护区植物群系以下的群丛类型进行了详细划分，记录了各群丛的分布地点、生境条件、海拔高度和群落结构组成，并配有图片资料，反映出本次植被调查更为全面和详细，为全面掌握白芨滩国家级自然保护区植被构成及其环境信息、开展保护区植被保育恢复提供了基础数据。

（4）对白芨滩国家级自然保护区植物区系特征分析结果：白芨滩国家级自然保护区植物区系组成中，最大科为豆科（39 种），其次分别为菊科（32 种）、藜科 32（种）、禾本科（31 种），显示了本区干旱荒漠区系的特征；在植物生活型统计中，白芨滩国家级自然保护区共有乔木 35 种，灌木植物（包括灌木、小灌木和小半灌木）32 种，多年生草本植物 114 种，一年生或二年生草本植物 78 种。乔木多为栽培植物，灌木种类较多，属于典型的荒漠耐旱植物，是保护区植被的重要建群成分。对种子植物区系构成的统计结果表明，白芨滩国家级自然保护区拥有所有 15 个分布型，区系组成以温带成分为主，但地中海、西亚和中亚区系成分比例也比较高，反映出本区植物区系组成较为复杂而古老。

（5）对白芨滩国家级自然保护区珍稀濒危物种调查统计结果：①白芨滩国家级自然保护区拥有国家重点保护植物 3 种，其中国家 I 级重点保护野生植物有 1 种（发菜），国家 II 级重点保护野生植物有 1 种（沙芦草），国家 II 级重点保护野生植物水曲柳在保护区内人工栽培。同时，保护区中还拥有珍贵的古地中海孑遗植物沙冬青，是我国荒漠植被类型中唯一的常绿灌木，在白芨滩国家级自然保护区的多处地段形成稳定的群落，对于研究当地植物进化与环境变化之间的关系具有重要科学价值。②白芨滩国家级自然保护区拥有国家重点保护野生动物 18 种，其中国家 I 级重点保护野生动物 1 种（大鸨），国家 II 级重点保护野生动物 17 种（包括白琵鹭、小天鹅、秃鹫、短趾雕、白尾鹞、雀鹰、苍鹰、普通鵟、大鵟、红脚隼、红隼、猎隼、雕鸮、纵纹腹小鸮、长耳鸮、荒漠猫、兔狲）。另外，列入《中国濒危动物红皮书》物种有 7 种，拥有《濒危野生动植物种国际贸易公约》规定的保护动物共有 22 种，列入《国际自然保护联盟（IUCN）濒危物种红色名录》的动物有 10 种，列入《有重要生态、科学、社会价值的陆生野生动物名录》的动物 92 种，反映出白芨滩国家级自然保护区拥有野生动物种类较为丰富且珍稀濒危种类较多，保护价值很大。

（6）对白芨滩国家级自然保护区珍稀野生植物资源分布及储量调查结果：保护区内沙冬青主要分布于保护区中部和南部低山丘陵及丘间低地，在低山丘陵区面积约 $1154hm^2$，在丘间低地面积约 $1216hm^2$，总的种群数量约为 2.9 万株。对其更新状况调查结果表明，沙冬青种群幼苗、幼树数量偏少，甚至缺乏，而中老龄个体比例较高，反映出沙冬青种群在白芨滩国家级自然保护区处于衰退的状态，更新缺乏，甚至出现断代现象。对发菜资源的调查结果表明，发菜主要分布于白芨滩北部低山丘陵荒漠区的间山平缓坡地，分布区面积约 $12.63km^2$，发菜在白芨滩国家级自然保护区野生储量约为 228kg。

（7）对白芨滩国家级自然保护区管理成效分析结果：①野生动植物资源丰富，尤其是在陆栖野生脊椎动物保护方面，受保护物种多，地位非常重要。保护区建立了较为完善的管理机制，大部分野生动植物物种的生存环境保护较好，受人为干扰较轻，能够安全生存繁衍；②在植被保育恢复方面，区域内天然植被绝大部分地段保护状况良好，受人为影响较小，植被维持了原有的自然状态，但局部地段人为活动频繁，对天然植被的群落结构组成和生存环境造成一定影响；③在人工促进自然生态修复方面，通过多年坚持不懈的努力，保护区内连片的沙漠不断转化为人工灌丛植被，植被盖度不断增加，对改善当地生态环境、防止沙漠扩张发挥了非常重大的作用；④在生态环境保护恢复方面，通过多年来的治沙造林，保护区生态环境有了根本转变，沙尘暴危害极大缓解，保护区在环境建设方面的成就巨大，为整个宁夏生态环境保护和社会经济的发展做出了巨大贡献。

（8）对白芨滩国家级自然保护区存在的问题分析认为，保护区目前面临的关键问题包括生态环境保护与资源开发利用问题、水资源利用问题、一地多证问题、周边群众对保护区资源环境的干扰问题、局部地段植被的退化问题、政府资金投入不足问题等。针对这些问题，保护区要提高对保护野生动植物资源重要性的认识，加强宣传教育和监管能力建设，积极推进保护区立法和勘界立标工作，建立乡（镇）协管机制，努力化解一地多证矛盾，协调解决好社区"替代生计"问题，逐步形成合作共建、携手共管、和谐共享的保护管理新格局。

本书参考了宋朝枢、王有德主编的《宁夏白芨滩自然保护区科学考察集》（1999 版）和未正式出版的《宁夏灵武白芨滩国家级自然保护区科学考察集》（2003 版）、《宁夏灵武白芨滩国家级自然保护区科学考察报告》（2010 版）中有关白芨滩国家级自然保护区自然环境概况方面的部分基础资料，其他主体部分由科考成员重新进行了组织编写，在此对以往科考中相关研究工作者的辛勤付出表示感谢！本次科考虽然取得了很大成绩，但在编著本书过程中由于时间和水平有限，不足之处在所难免，希望在今后的工作中不断完善。敬请专家和同仁批评斧正，敬请读者提出宝贵意见，不胜感激！

宁夏灵武白芨滩国家级自然保护区科考组
2018 年 1 月

目　录

第1章
自然地理环境

宁夏灵武白芨滩国家级自然保护区位于我国宁夏回族自治区灵武市境内，地处我国暖温带草原与荒漠过渡地带。保护区前身是白芨滩防沙林场，始建于1953年，1986年经宁夏回族自治区人民政府批准建立了区（省）级自然保护区，2000年由国务院批准晋升为国家级自然保护区。该保护区主要景观类型以荒漠草原、人工灌丛植被和流动沙丘为主，属于荒漠类型自然保护区，主要保护对象包括1.73万hm²柠条灌木林和2万hm²猫头刺灌丛群落，以及沙冬青、发菜、大鸨、秃鹫等国家重点保护动植物资源。

1.1 地理位置

白芨滩国家级自然保护区位于毛乌素沙地南缘和宁夏灵武市境内引黄灌区东部的荒漠区域，保护区北部与宁夏河东机场相毗邻，其西界距黄河5~10km不等。保护区南北长61km，东西宽20~30km不等，总面积70921hm²，其中核心区31318hm²，缓冲区18606hm²，实验区20997hm²。地理坐标为东经106°21′33″~106°37′00″，北纬37°48′28″~38°20′12″。保护区北部距银川市10km，西部与青铜峡市、吴忠市紧邻，保护区与外部有多条国道、省道相通，交通便利。

1.2 地质地貌

白芨滩国家级自然保护区位于我国西部鄂尔多斯台地西南角，北部与毛乌素沙漠相接，南部与黄土丘陵区相连，西部毗邻宁夏平原。保护区内南部以沙地丘陵为主，北部以山地荒漠为主，最高海拔1650m。

1.2.1 地质

1.2.1.1 古地理环境的变迁

白芨滩国家级自然保护区古地理环境经历了太古代、元古代、古生代、中生代、新生代的变迁，与我国大范围的古地理环境变迁历程相吻合。

（1）太古代：从太古代到早元古代时，包括保护区在内的贺兰山三关口—牛首山—固原深大断裂以东地区尚位于海面之下，为海相沉积物，在五台山、中条山等地壳运动过程中形成了强褶皱、深变质的古老结晶基底，鄂尔多斯陆块出现，海相地槽生命结束，进入陆相地台演化阶段。

（2）元古代：距今约19亿年的中元古代长城纪中期，牛首山—固原断裂重新活动，原已固结的鄂尔多斯陆块重新分异，其西缘不断下陷，形成南北向的边缘凹陷型海槽，受祁连海槽海水北侵，盖层沉积从此开始。

（3）古生代：早古生代加里东运动期，从早寒武纪中期到中奥陶纪，保护区所处陆地经历了海侵到海退的过程，先后沉积了寒武纪和奥陶纪的碳酸盐建造。中奥陶纪末早古生代加里东运动时，该处地块随华北地块一起抬升，遭受长期剥蚀，使晚奥陶纪到晚古生代中期早石炭纪之间的地层全部缺失。早石炭纪时，中华力西旋回使地壳重新下沉，祁连海水又多次入侵，处于滨海环境的保护区所在区域，沉积了砂岩、页岩、少量灰岩及薄煤层的建造。晚石炭纪时，境内海水进退频繁，气候温暖潮湿，形成了海陆交互相的含煤岩系。二叠纪早期，晚华力西旋回使地面上升，海水渐渐退出，沉积了过渡相的砂岩、页岩夹煤层的含煤建造。二叠纪晚期，海水全部退出，古气候趋向干旱，成煤作用中止，形成了一系列河流-湖泊相的杂色碎屑岩建造。

（4）中生代：中生代是该区地质历史上重要的成煤时期。三叠纪中期鄂尔多斯西缘凹陷形成，在杂色碎屑岩夹泥岩建造沉积的同时，气候开始向暖湿转变，晚三叠纪中期的印支运动中，古老的鄂尔多斯地台出现了基底断裂，贺兰山—银川凹陷作扇状仰冲隆起，该区随着贺兰山断隆发展，形成了一系列近南北向的古隆起和古凹陷。经过晚三叠纪到早侏罗纪的长期风化剥蚀，几乎被夷为微向东北倾斜的低缓丘陵。距今约1.7亿年的早中侏罗纪燕山运动时，这些低缓丘陵重新分异，形成一系列断陷盆地。在一些温暖气候条件下，苏铁、银杏等高大裸子植物丛生的低洼湖沼地段形成了巨厚的内陆湖沼相含煤建造。中侏罗纪晚期到早白垩纪初，燕山运动激烈化，地势分异的加剧和气候的重新变干，使成煤作用在晚侏罗纪最终结束。早白垩纪后，晚燕山亚旋回使贺兰山—银川断褶带趋于成熟，先后形成了干旱气候条件下的红色建造和洪积粗碎屑岩。

（5）新生代：喜马拉雅旋回构造运动，使东北向的贺兰山东麓断层之间的地壳不断下陷，形成了银川地堑，在此期间该区形成了现在的地质构造轮廓。

1.2.1.2　地层

白芨滩国家级自然保护区位于宁夏灵武市境内，灵武市的地层构造如下。

（1）古生代：

①奥陶系。

下统水泉岭组：横山堡黑山地区出露深灰色微带棕红色石灰岩，厚层状含燧石结核，其下层为厚层白云岩，厚743m。

中统三道沟组：横山堡、刘家庄井下为深灰、青灰色海相石灰岩，下部夹砂岩和泥岩条带，含笔石，上部有溶洞，厚67m。

中统平凉组：井下资料顶部为灰色微带绿色泥岩、细砂岩互层，中下部为浅灰、灰色细砂岩及粉砂岩互层，间夹泥岩。含少量笔石，轻变质为板岩，厚25~98m。

②石炭系。

中统羊虎沟群：横山堡、刘家庄井下下部为黑灰色泥岩夹煤数层；中部以灰黑色泥质岩为主，夹薄层泥灰岩、粉砂岩；上部为灰黑色砂岩、薄层泥岩、粉砂岩夹数层灰岩。含丰富的腕足类、瓣鳃类、头足类动物化石和大量植物化石。厚156~416m，与下伏奥陶系地层呈假整合接触。

上统太原组：横山堡、刘家庄井下由灰白色砂岩、灰黑色泥岩、粉砂岩夹薄层灰岩及煤层、黏土岩、沥青质泥岩等组成。灰岩中含腕足类、蜓科化石及丰富的植物化石。平均厚78m，与下伏岩层连续沉积。

③二叠系。

下统山西组：横山堡井下由灰白、深灰色砂岩，深灰、灰黑色粉砂岩，泥岩，可采煤层，少量黏土岩及沥青质泥岩等组成。其中粗碎屑岩所占比例较大，含植物化石。厚度自北向南加厚，平均77m，与下伏岩层（太原组）连续沉积。

下统石盒子组：横山堡井下上部以灰紫、紫色、灰绿色粉砂岩为主，其次为泥岩、砂质泥岩、灰白色砂岩；中部灰白色砂岩，夹1~2层薄煤及淡绿色黏土岩；下部为灰白色细-粗砂岩。含植物化石，厚度自北而南由169m增到172m，与山西组连续沉积。

上统石盒子组：横山堡井下下部为淡黄、紫色厚层砂岩；中部以紫灰绿色泥岩为主，夹薄层砂岩，上部以紫、灰紫色泥岩为主，夹薄层粗砂岩、细砂岩及泥岩薄层，含植物化石，区域性变化不大，厚214~225m，与下伏石盒子组连续沉积。

上统石千峰组：刘家庄井下底部为砾状砂岩，中上部为棕红、紫红色中-粗粒砂岩、粉砂岩及泥岩。未见大化石，区内厚度变化不大，横山堡地区顶部遭剥蚀，出露厚度226m，与上统石盒子组呈假整合接触。

（2）中生代：

①三叠系。

中下统：此套地层相当于盆地内部的纸坊组、和尚沟组和刘家沟组，分布于东北部的刘家庄、鸳鸯湖及石沟驿一带。下部为灰白、浅紫及紫灰色含砾石砂岩，底部常有一层含砾粗砂岩。厚度650m在右，向西增至1000m。岩性岩相较稳定，未发现大化石，与上统石千峰组呈假整合接触。

上统延长群：区内广泛发育，零星出露于刘家庄、石沟驿及碎石井背斜两翼地带。为河湖相灰、紫、绿色砂岩，泥岩及粉砂岩，含油气。含丰富的蕨类植物及淡水瓣鳃类化石，总厚为756m。

②侏罗系。

中下统延安组：区内广泛发育，地表零星出露。为一套陆相碎屑岩含煤建造。由灰白色长石石英砂岩、灰黑色及黑色粉砂岩、泥质岩及少量黏土岩、炭质泥岩夹30余层煤层组成。底部有1~2层具鲕状结构的灰绿、紫褐及灰白色黏土岩。厚度由北向南逐渐增大，羊场湾、英子梁区段平均厚294m，东庙区段厚327m，碎石井背斜东翼厚331m，平均厚309m，与三叠系上统延长群呈假整合接触。

中统直罗组：区内零星出露，为含煤地层的上覆岩层，属一套半干旱及干旱气候条件下的河流-湖泊相沉积，局部为泥炭沼泽相沉积。岩性以灰褐色、灰绿色细粒砂岩为主,夹薄层粗砂岩及粉砂岩。厚度8~109m,平均厚度45m,为连续沉积。

中统安定组:分布于区内的向斜轴部及碎石井背斜两翼,碎石井有零星出露,为一套干旱气候条件下的河流、湖泊相红色建造,俗称"红层"。上部以棕红色、紫红色、紫褐色粉砂岩为主,下部为粉砂岩及细砂岩互层。厚度为450m,与下伏直罗组呈假整合接触。

③白垩系。

下统志丹群:主要分布在牛布朗山、四耳山、长梁山、面子山、六道梁、猪头岭、马鞍山等地,是一套近陆源的冲、洪、坡积粗碎屑岩建造。岩性为一套灰白、淡红及红色各种砾石组成的砾岩。最大厚度1200m,超复不整合于安定组之上。

(3)新生代:

①第三系。

中渐新统清水营组:主要分布于清水营,是以湖相为主、河流相为次的红色泥岩夹多层优质石膏及少量薄层砂岩的一套红色沉积。厚500~1000m,含哺乳类动物化石,与下伏地层呈不整合接触。

中渐新统红柳沟组:分布于五里坡南部,为红色黏质沙土或沙质黏土。

②第四系。

下更新统银川组:分布于银川地区地下和苦水河谷中,为一套由土黄、棕红、肉红色黏质沙土、沙质黏土、黏土及中细沙夹灰色沙砾石组成的河湖相沉积。银川地区厚数百米,苦水河谷阶地厚1~10m。

上更新统洪积层:分布于东山西麓泽沟至大马蹄沟之间及县境东南部磁窑堡、马家滩、白土岗、五野坡等乡(镇)的广大地区,堆积物以砾石为主夹砂层,构成洪积扇裙或缓坡丘陵地面。可见厚度10~50m。

上更新统水洞沟组:分布于水洞沟地区,上部为厚10~20m的灰黄色粉砂层,具水平层理;中部为蓝灰色黏沙土,有近水平的波状褶曲;下部由中细沙夹黑色透镜状泥炭质沙质黏土组成,底为厚约1m的沙砾石层,含旧石器及哺乳类动物化石。

全新统湖积化学沉积:分布于鸳鸯湖、海子湖、灵武东湖一带。为蓝、灰色沙质淤泥及黏质沙土,含芒硝和钠盐,厚0.5~20.0m。

灵武组:分布于苦水河东侧的银川地区及水洞沟。上部为灰黄、灰褐色细沙和粉沙及黏质沙土,具水平层理,厚3~4m;中部为黄绿、蓝灰及黑色细沙、粉沙、沙质黏土、淤泥及碳质条带,厚2~3m;下部为灰色粗沙及砾石层,厚1~2m,通层含新石器及哺乳类动物化石。

风积沙:分布于东山磁窑堡、石沟驿一带,为以石英长石为主的灰黄、棕红色粉沙构成的平铺沙地或流动、半流动沙丘。厚0~8m,局部可达25m。

1.2.1.3 地质构造

(1)主要构造单元:依据沉积特征和构造发育状况,保护区所在的灵武市属鄂尔多斯西缘断褶带的银川地堑、陶乐台拱、马家滩台陷、青云台拱4个Ⅲ级构造单元。

按构造复杂程度和表现形式,又可具体化为5个Ⅳ级构造单元。①石嘴山—固原断裂以西银川地区所在的银川地堑部分(灵武凹陷);②沙葱沟断层以南、烟筒山断层以东、马家滩—柳条井断层以西,属磁窑堡—萌城断褶带北段;③沙葱沟断层以北,属陶乐台拱南部的横山堡褶皱带；④烟筒山断层西南、青龙山东侧断裂东北，为石沟驿向斜；⑤青龙山东侧断层西南，为青云台拱北部的韦州向斜。

各构造单元均无岩浆活动，构造形态多为向北封闭收敛、向南侧伏撒开呈扫帚状展布的背、向斜。主干褶曲宽缓连续，多呈东北或南北向，次级褶曲多呈西北向。两翼多不对称，东缓西陡。

（2）主要断层：控制构造单元的主要断层有：①石嘴山—固原断裂灵武段，南北延伸，断面向西倾伏，属前震旦纪深断裂，大致为县境地堑和台地部分的分界；②青龙山东侧断裂，走向北偏西 30°，落差大于 500m，延伸 70km 以上；③烟筒同逆断层，走向北偏西 20°，落差大于 500m，延伸 100km；④沙葱沟正断层，走向北偏东 30°，落差 1700m，延伸 32km 以上；⑤马家滩—柳条井断层，走向南北向至北偏西 30°，断面西倾，落差 400～1400m，延伸 60km 以上。

各构造单元内的次级断层，东部台地部分有马鞍山断层、磁窑堡东侧断层、马家滩东侧断层、马家滩西侧上台子断层及李庄子断层等，它们多为逆断层，且近南北向延伸；西部地堑部分，有隐伏的吴忠北断层、灵武北断层、灵武城西侧断层、梧桐树断层等。它们呈西北—东南向或东北向与灵武东山西麓断层交会，使西部银川地区成为基底破碎的地震多发区。

（3）新构造活动与地震：该区位于银川地堑南部，是第四纪新构造运动的下沉地区。局地形变测量，新华桥黄河大桥处 1954—1970 年下沉约 16mm，比整个银川地堑的平均下沉速率（0.8mm/年）还高。

据物探资料，地堑深部又有南北向、西北向和东北向的隐伏断层展布，断裂密集交汇，基底切割得比较破碎，错动容易发生，地震活动比较频繁。但因断层规模不大，应变能不易高度集中，地震频度虽高，震级却多属于弱到中强震，且易出现双震型地震。

灵武市历史上虽尚无大震记载，但造成一定损失和灾害的中强震时有发生，中华人民共和国成立以来，灵武市大于 5 级的地震有 6 次。

1.2.2　地形地貌

白芨滩国家级自然保护区的地貌由 3 种类型组成，即低山丘陵、缓坡丘陵和沙漠低山丘陵。海拔范围在 1150～1650m。

1.2.2.1　低山丘陵

该类型主要分布在保护区西部，引黄灌区平原的东侧，平均海拔高度在 1400m 左右。呈南北走向，长约 47km，宽约 38km，西天河自东向西将丘陵分割成南北两段。北段为马鞍山主峰，海拔高达 1512m；南段有旗眼山、面子山，山地母质为基岩风化后的残积物，风蚀严重，土层较薄，含石砾较多。

1.2.2.2　缓坡丘陵

该类型为鄂尔多斯台地边缘的剥蚀丘陵，海拔在 1300～1400m，由东南向西北平缓倾斜，相对高度 50m 左右，坡度小于 10° 的缓坡丘陵地区母质由第四纪洪积冲积物组成，地面切割严重，水土流失造成的冲沟较多，较有名的大河子沟、边沟和沙沟都是冲刷而成。

1.2.2.3 沙漠低山丘陵

该类型主要分布在鄂尔多斯台地剥蚀丘陵上，位于毛乌素沙地的南缘，东起盐池县境内的宝塔村，西至引黄灌区的边缘，向南延伸到长流水沟，呈带状分布，东西长约40km，南北宽约10km，中部突起的猪头岭海拔1435m，沙漠分为东西两部分。东部沙带断续分布，有东湾、白芨滩、小蔡、刘家沙窝，沙丘一般较低，丘间低地较宽，多有湖盆草地，形成新月形沙丘链，个别出现新月形沙丘，地下水位较浅。西部地形由东向西急剧下降，直到引黄灌区边缘，沙丘高大密集，连绵起伏，一般高2~7m，相对高度最高达60m，主要有柳毛子沙窝等。

沙漠低山丘陵立地类型有以下几种：

(1)流动半流动沙丘：该类型包括沙丘、新月形沙丘及沙丘链。沙丘高度1~20m，覆盖在梁地、滩地及黄土地貌类型上，沙丘迎风坡15°左右，落沙坡30°左右，沙丘移动方向为东南。新月形沙丘由沙堆演化而成，平面形态呈新月形，丘脊为弧形，沙丘宽度达150m左右，部分地段新月形沙丘之间的翼角相连，形成沙丘链，链间低地呈较宽的带链状，沙地机械组成大多为中细沙，矿物组成以石英为主，占90%以上，其次为长石及黑色矿物。沙丘干沙层厚度在8cm以上，沙地含水量在2%~40%，沙丘上生长有少量的沙蒿、沙米、沙鞭和碱蓬等沙生植被。丘间低地地下水位随被覆盖的地貌类型而异，梁地4~20m，滩地则较浅。

(2)固定半固定沙丘：该类型因其下伏物和植物种类不同，又可细分为若干类型。

①梁上固定半固定沙地。该类型沙地分布广泛，一般覆盖在剥蚀残梁或其他梁地类型上，中型沙丘高度为4.5m，多呈堆状分布，丘间低地面积不大。从土壤发育情况看，过程是缓慢的，且处于初级阶段。沙土的机械组成为灰黄色或灰棕色细中沙，沙层较厚，具碳酸盐反应，pH值为7.5，丘间低地下部土壤为淡栗钙土。沙生植被以黑沙蒿为主，高者可达75cm，丛径可达1m，且生活力很强，伴生植物有柠条、沙米、沙鞭、碱蓬等，植被盖度可达20%~30%，高者可达65%左右，其伴生植物有白草、狗尾草、灰绿藜、蓝刺头等。地下水位随梁地及沙堆高度而不同，一般均在4~15m范围内。

②干滩上固定半固定沙地。该类型沙地覆盖在河湖相沉积物滩地上，多为垄岗状，长度可达数百米，沙土属原始淡栗钙土，暗灰色、细中沙，沙地养分及水分条件比梁上固定半固定沙地要好一些。沙生植物种类有沙蒿、柠条、牛心朴子、沙米、沙鞭和碱蓬等，丘间低地有沙柳、乌柳等，植被盖度一般比前者大，可达20%~40%，地下水位较高。

③沙地。覆盖在古代风积沙地上的现代风积沙地，高达2~10m有余，岗状或连成岗网状，丘间低地多覆薄层沙，土壤为沙土或沙壤土，灰暗色，碳酸盐反应中或强，土壤发育过程比以上两种类型过程长，主要是沙生植被长期作用的结果，另外沙地含水量也较好。植物种类有柠条、禾本科草类等。

(3)平缓流动半流动沙地：该类型覆盖在梁地上，地表平缓起伏，在灌丛下常有7~20cm高的小丘，小丘直径20~100cm不等。沙地表层干燥，具有浅黄灰色结皮，下层为夹有粗沙的细沙土，矿物组成以石英为主，碳酸盐反应中等，pH值7.0~7.5，地下水位很深。植被以黑沙蒿为主，总盖度约25%，草层基本高度40cm。植物种类有柠条、沙生针茅、糙隐子草、牛心朴子等。

(4)硬梁地：本类型原始地面为古代准平原，经长期剥蚀作用而逐渐形成现今的剥蚀残梁残丘及台地，基岩多为白垩纪砂岩和侏罗纪砂页岩，海拔 1200m 以上。土壤为薄中层淡栗钙土或原始淡栗钙土，质地为沙壤、轻壤或沙质，其间多有砾石，具碳酸盐反应，腐殖质土层厚度为 10~30cm，土壤下层无可溶盐类或石膏聚积层，pH 值约7.5。植被类型为针茅群系，伴生植物种类有百里香、狼毒等。在覆沙地段尚有黑沙蒿出现，总盖度达 10%~40%。土壤干旱而瘠薄，风蚀严重。

（5）软梁地：该类型梁面平坦，多被开垦为农田，有的撂荒，仅少部分保持天然梁面。土壤为沙质淡栗钙土，土层深度可达 10m 以上，其下多为白垩纪砂岩。土壤表层疏松向下逐渐紧实，颜色由棕黄变为黄棕及灰棕。上层质地以细沙为主，向下为沙壤或轻壤，结构为块状或片状。碳酸盐反应上弱下强，pH 值 7~8。天然梁面上植物种类多为白草、茵陈蒿、甘草、沙棘、角蒿等，盖度可达 50%。

1.3 气候

白芨滩国家级自然保护区处于我国西北内陆地区，位于宁夏东北部鄂尔多斯台地及毛乌素沙地的南缘，属于中温带干旱气候区，具有典型的大陆性气候特征，气候特点是干燥、降水量少而集中、蒸发量大，冬季长、夏季热短，温差大、日照长、光能充足，冬、春季风沙多，无霜期短。

1.3.1 温度

据灵武市气象局近 10 年气象资料，白芨滩国家级自然保护区多年平均气温为10.4℃。1 月平均气温最低，约为 -6.7℃；其次是 12 月，约为 -4.7℃。7 月平均气温最高，约为 24.7℃；其次是 6 月，约为 23.17℃。极端最低气温为 -23.4℃，出现在2008 年 2 月。极端最高气温为 38.1℃，出现在 2015 年 7 月。

月平均气温稳定在 ≥0℃ 的时间一般从 3 月开始到 11 月结束，总天数约为 275 天。月平均气温稳定在 ≥10℃ 的时间一般从 4 月开始到 10 月结束，总天数约为 214 天。近10 年月平均气温统计见表 1-1。

表 1-1 白芨滩国家级自然保护区近 10 年月平均气温统计（单位：℃）

月	2006	2007	2008	2009	2010	2011	2012	2013	2014	2015
1	-7.4	-6	-10.3	-6.2	-5.2	-10.6	-8.5	-5.5	-3.9	-4.3
2	-2.2	1.1	-7.7	0.9	-2.8	-1.1	-4.7	-0.7	-2.6	-0.5
3	4.9	4.5	7.3	5.8	4.5	1.8	4.5	9.0	7.0	6.3
4	13.6	12.1	13.4	14.5	9.7	13.8	13.5	13.1	14.0	12.3
5	18.8	19.9	19.1	18.5	17.7	17.5	19.3	19.7	18.5	18.5
6	23.7	21.8	23.5	23.9	23.2	24.3	23.1	23.1	22.6	22.5
7	24.9	23.6	24.6	24.8	25.7	24.7	24.8	24.4	24.7	24.8
8	23.8	23.0	21.9	21.3	22.8	23.6	23.7	24.4	21.4	22.5
9	16.5	16.8	17.0	17.4	17.3	15.6	16.3	17.5	18.0	17.3
10	13.7	9.4	10.7	11.8	10.6	10.5	10.1	11.3	11.9	9.7
11	4.4	2.9	3.0	-1.4	3.6	4.0	0.8	2.7	2.3	3.1
12	-4.3	-4.4	-4.2	-5.6	-3.9	-5.7	-5.2	-4.5	-5.6	-3.5

1.3.2 光照

据灵武市气象局近10年气象资料，该区多年平均日照时数为2717h，日照百分率为60.9%，平均每天日照12.1h。7月日照最长，每天日照14.5h；12月日照最短，每天日照9.5h。

该区多年平均太阳辐射量为602.3kJ/（cm²·年），稳定通过日平均气温10°C的生长期的辐射量为358.7kJ/（cm²·年）。

1.3.3 风

白芨滩国家级自然保护区位于我国内陆高原地区，近10年来，地面年平均气压值为89027Pa。在热力因素的影响下，气压年内呈规律性的变化，一般冬季高于夏季，1月最高，7月最低。全年盛行北风，春季多东南风，秋末冬初西北风最多。年平均风速为1.8m/s，3月、4月、5月的平均风速最大，均在2m/s以上，10月风速最小，为1.4m/s（表1-2）。全年大风等级（17m/s）及以上天数为63天。沙暴天数为35天。

表1-2　白芨滩国家级自然保护区近10年月平均风速统计（单位：m/s）

月	2006	2007	2008	2009	2010	2011	2012	2013	2014	2015
1	2.0	1.8	1.4	1.6	1.8	1.7	1.2	1.3	1.4	1.5
2	2.6	1.7	1.7	2.0	1.8	1.7	1.6	1.7	1.8	1.8
3	2.9	2.4	2.2	2.3	2.7	1.7	2.1	2.2	1.8	1.9
4	3.4	2.5	2.1	2.0	2.3	2.3	2.3	2.2	1.9	2.1
5	2.8	2.4	2.2	2.0	2.0	2.1	1.9	1.8	2.3	2.0
6	2.5	2.0	1.9	1.9	2.0	2.0	1.8	1.8	1.7	2.1
7	2.2	1.9	1.9	2.2	1.8	1.8	1.5	1.5	1.8	1.5
8	2.1	1.8	1.7	1.8	1.8	1.6	1.6	1.7	1.7	1.7
9	2.0	1.8	1.5	1.4	1.6	1.5	1.5	1.3	1.5	1.7
10	1.8	1.5	1.4	1.6	1.4	1.3	1.3	1.4	1.4	1.1
11	1.8	1.5	1.5	1.7	1.7	1.5	1.8	1.6	1.5	1.5
12	2.0	1.3	1.9	1.8	2.1	1.3	1.9	1.1	1.7	1.4

1.3.4 降水

白芨滩国家级自然保护区地处季风区，降水的季节变化和年际变化均较大。该区多年平均降水量209.67mm，年平均降水量差异系数为0.32，年变率平均为26.5070；保证率80%的年降水量158mm，保证率90%的年降水量仅115mm。降水量的季节分配极不均匀，多集中于下半年，尤以7月、8月、9月最多，平均占全年降水量的61.6%。

该区降水以雨为主，雪在降水量中平均仅占2%，但2013年和2014年分别出现了较大降雪。降水主要集中在6～9月，此期间降水量山区和平原分别占各自全年降水量的70.2%和70.1%。日降水量大于10mm的天数，平均每年6天；日降水量大于25mm的天数，平均每年不足一天；日降水量大于50mm的暴雨，平均4年一次。冰雹在个别年份出现于部分地区。

1.4 水文

1.4.1 地下水

该区域水资源补给主要是大气降水，第四纪堆积物广泛分布其间，以砂砾、砂层、火黏性土层组成含水层。地下水主要是埋藏在其中的潜水，类型主要是基岩裂隙孔隙水带、碎屑岩裂隙孔隙水带。地形特征是沟壑纵横、沙阜发育，而且加上黄土堆积物垂直节理发育，疏松多孔，不具良好的含水节理，因此该地区潜水的聚集和贮存条件极差，地下水一般在丘陵中的沟壑、洼地及大面积沙带中有少量分布。每年汛期，由于降水强度较大，在沟壑、洼地的水源较为丰富，尤其是降水量集中的时候，其间表土层易出现含水饱和，下渗量小于降水量，陆地表面则出现径流，形成山洪。其间尚有白垩纪裂隙潜水及承压水分布，一般埋藏较深，水情复杂。

据水文地质调查资料，该区域局部地区地下水储量相对较为丰富，如白芨滩地区地下水是长庆马家滩油田的生产用水源，但大部分区域地下水储量不丰富，深层水有待进一步勘察，浅层水储量为 41 万 m^3/年，分布较广，均属沙漠凝结水。该地区共有机井 50 眼，井孔涌水量不大，一般在 $210 \sim 300$t/天，大部分水质较差，矿化度较高。

1.4.2 地表水

该区域地表水很少，属于宁夏回族自治区严重缺水区。河流主要有苦水河、大河子沟、长城边沟、庙梁子沟和长流水沟。

苦水河发源于甘肃环县而流入该区，主要依靠天然降水补给，年平均径流深仅 2.5mm，常流水基本上是苦咸水，而且极不稳定，如苦水河上游的大湾水库大部分时间干涸无水，现仅在雨季时才能利用洪水引洪漫地。

大河子沟水系由 22 条山洪水系组成，总长度 296km，集水面积 1017km²，常年流水主要是沟内小泉眼，流水量极小，且水质特差，人畜不能饮用。

长城边沟水系由 8 条山水沟组成，总长度 75km，积水面积 112km²，由于沟内有大小泉眼数百处，所以常流水水质较好，但水量极不稳定，现在沟内河滩地上可种植小麦，沟内树木生长良好。该区境内湖泊较少，主要有鸳鸯湖，大部分时间干涸，只有雨季才可清晰地看到两湖存在。

庙梁子沟位于东干渠东，狼皮子梁扬水灌区北，发源于马家滩、羊角湾子，流经口子沟进入庙梁子沟，并通过大泉沟、山水沟向西注入黄河，全长 34km，集水面积 76km²。沟道密度大、坡陡，造成山洪猛烈，泥沙流量大，洪水流速一般在 $2.7 \sim 4.8$m/s，平均径流量 56 万 m²，最大洪峰流量 53.5m²/s(1955 年 8 月 26 日)。庙梁子沟集水面积大、沟水长、洪水突发，曾多次威胁东干渠及引黄灌区农田及交通、通信设施。据统计，1998 年 8 月洪水淹没农田 100km²，造成直接济损失 1300 万元。泥沙阻塞大泉沟达 11km，淤积厚度达 $1.5 \sim 1.7$m。

长流水沟位于保护区南部，自东向西方向，由洪水和山泉多年冲蚀形成了一条长约 15km、深 $3 \sim 10$m 的沟谷，沟谷上端有 3 处以上常年出露泉水，流量最大为 0.07m³/s，最

小为 $0.02m^3/s$，中段有 3 处较大的跌落水流（瀑布），沟谷中和沟谷两侧的生物景观呈多样化表现，有地文景观、水域风光等五大主类，具有很高的观赏价值、游憩价值和使用价值。长流水沟自然生态环境良好，沟谷深峻多趣，加之有宁夏境内少见的常年四季跌落水流（瀑布），专家预测，如果规划建设得当，长流水沟有可能发展成对宁夏和毗邻省（自治区）游客富有吸引力的旅游景区。

保护区内主要水蚀冲沟有长城边沟、大河子沟、二道沟、庙梁子沟、长流水沟。其中以 307 国道北，马鞍山为主峰的低山丘陵区水土流失较严重。季节性水蚀冲沟还有泽沟、庆沟、红柳湾沟、偷牛沟，这些沟由于离黄河较近，汛期山洪直接注入黄河。

1.4.3 人工水库

该区域目前有人工水库 5 座，为大河子沟水库、长流水水库、东风水库、清水营水库、长城边沟水库。

大河子沟水库总库容 1220 万 m^3，由于水质差，建水库主要是为了防洪，保护农田。

长流水水库主要有脑子墩、北盆泉、南盆泉等泉源，实测流量最大为 $0.07m^3/s$，最小为 $0.02m^3/s$，沟内常有流水，总库容 272m^3，蓄水面积 3.3 万 m^3，正常蓄水深 3m，可灌溉面积 30hm^2，由于环境恶化，蓄水量减少。

东风水库属山水系，主要是截留洪水，总库容 42 万 m^3，蓄水时可灌溉面积为 6.7hm^2。

清水营水库属长城边沟水系，总库容 18 万 m^3，蓄水时可灌溉面积 5.5hm^2。

长城边沟水库由于沟内有大小不一的泉眼数百处，年平均流量 $0.5m^3/s$，故常年有流水，总库容 250 万 m^3，蓄水时输水能力为 10m^3/s，可自流灌溉面积 16.7hm^2。

1.5 土壤

1.5.1 成土母质与成土过程

白芨滩国家级自然保护区的主要土壤类型是灰钙土和风沙土，其地带性土壤为灰钙土。

1.5.1.1 灰钙土

灰钙土发育于暖温带荒漠草原黄土母质上，其母质来源于第四纪洪积、冲积物，其成土过程如下。

（1）腐殖质积累过程：灰钙土是荒漠草原的地带性土壤，地面植被以灌木、半灌木和干旱草本植物为主，其腐殖质积累过程已明显减弱。但由于其具有季节淋溶及黄土母质特点，其腐殖质染色较深，腐殖质层扩散而不集中，一般可达 50~70cm。

（2）钙化过程：灰钙土分布区域降水量小，淋溶作用较弱，游离的一价盐能向深层移动，有的积聚在下层，使深层土壤盐渍化。二价盐如钙盐，在雨季以重碳酸钙形态下淋，至一定深度淀积，形成钙积层，钙积层的石灰质形状不一，多呈粉末状及假菌丝状，少数为眼斑或结核状，有时成层状。

1.5.1.2　风沙土

风沙土的母质是干旱与半干旱地区干沙性母质上形成的仅具有淋溶层(A)和母质层(C)的幼年土,处于土壤发育的初级阶段。风沙土的形成始终贯穿着风蚀沙化过程和植被固沙生草化过程,这两者互相对立而往复循环以推动着风沙土的形成和变化,成土过程很不稳定,土壤发育十分微弱。风沙土的形成大致分为 3 个阶段。

(1)流动风沙土阶段:风沙土的母质含有一定的养分和水分,为沙生先锋植物的滋生提供了条件,但因风蚀和沙埋强烈,植物难以定居和发展,生长十分稀疏,且常受风蚀发生移动,土壤发育极其微弱,基本保持母质特征,处于成土过程的最初阶段。

(2)半固定风沙土阶段:随着植物的继续滋生和发展,盖度增大,风蚀减弱,地面生成薄的结皮或生草层,表层变紧,并被腐殖质染色,剖面开始分化,表现出一定的成土特征。

(3)固定风沙土阶段:此阶段沙生植物进一步扩展,盖度继续增大,除沙生植物外,还加入了一些其他非沙生植物成分,生物成土作用较为明显,土壤剖面进一步分化,土壤表层更紧,形成较厚的结皮层或腐殖质染色层,有机质有一定的积累,颜色带灰,团块状结构,细土粒增加,理化性质有所改善,具备了一定的土壤肥力。固定风沙土的进一步发展,可形成相应的地带性土壤。

1.5.2　土壤类型

1.5.2.1　土壤分类系统

土壤分类系统参照《中国土壤分类与代码》(GB/T 17296—2000),该分类系统的高级分类单元自上而下是土纲、亚纲、土类、亚类,低级分类单元自上而下是土属和土种。土壤分类系统的高级分类单元主要反映的是土壤在发生学方面的差异,而低级分类单元则主要考虑土壤在其生产利用方面的不同。鉴于所研究对象为自然保护区的土壤类型,所以文中只探讨土壤分类系统中的高级分类单元。

(1)土纲:是对某些有共性的土类的归纳与概括。如干旱土纲,是将干旱条件下钙化过程中产生的土壤归集到一起,其包括棕钙土和灰钙土两个土类。

(2)亚纲:在土纲范围内,根据土壤形成的水热条件划分,反映了控制现代成土过程方面的成土条件。如干旱土纲分干温干旱土亚纲和干暖温干旱土亚纲,两者的差别在于热量条件。

(3)土类:土类是高级分类单元中的基本分类单元,在划分土类时,强调成土条件、成土过程和土壤属性的三者统一和综合。土类之间的差别,无论在成土条件、成土过程方面,还是在土壤属性方面,都具有质的差别,如:砖红壤土类代表热带雨林下高度化学风化,富含游离铁、铝的酸性土壤;黑土代表温带湿润草原下发育的大量腐殖质积累的土壤。

(4)亚类:是在同一土类范围内的划分。一个土类中有代表其中心概念的典型亚类,即它是在定义土类的特定成土条件和成土过程下发生的;也有表示一个土类向另一个土类过渡的边界亚类,即它是根据主导成土过程以外的附加成土过程来划分的。

1.5.2.2　土壤类型及特征

根据《中国土壤分类与代码》(GB/T 17296—2000),结合宁夏灵武的最新土壤资源普查结果，白芨滩国家级自然保护区内的土壤可分为 2 个土纲、2 个亚纲、2 个土类、4 个亚类。

（1）典型灰钙土：分布在东湾片区，灵武和盐池交接的缓坡丘陵地带。植物群落中含较多丛生的小禾草和豆科植物，表土层含有机质 0.78%~2.89%。表土层以下为灰白色斑块状的钙积层，含磷酸钙 10%~23%，土壤质地为轻壤和中壤。

（2）淡灰钙土：主要分布在马鞍山—黄草坡东部及甜水河东部部分地段，淡灰钙土分布在典型灰钙土以北地区。植物群落中禾草类植物较少，旱生小灌木、小半灌木较多。土壤中有机质含量在 1% 以下，钙积层部位升高，石灰含量 10%~25%。

（3）盐化灰钙土：分布在单疙瘩区域，表土中可溶性盐浓度较高，由于含盐量高，植被以耐盐、耐旱植物为主，一般在 20cm 以下即有大量的石灰淀积，石灰含量达 20%~25%。

（4）草原风沙土：主要分布于保护区中南部的猪头岭、大小柳毛子等地区，成土母质为风积物，质地为沙土和沙壤土。表层疏松，沙层厚度 10~20cm 不等，有机质含量低，一般在 0.1%~0.6%，钾含量较丰富，氮、磷缺乏。

第2章
植物区系和植被类型

2.1 植物区系

一个地区的植物区系(即所有植物种类的总和)是自然形成的产物,是植物在一定的自然地理和自然历史环境等综合条件作用下经过长期发展和演化而产生的结果。开展一个地区的植物区系和植物资源研究工作对理解该地区自然环境与地理的现状、形成以及历史变迁具有重要的理论价值和实践意义。植物区系研究为掌握植物资源状况、合理地开发与可持续利用、改善自然环境等提供重要的参考资料。因此,植物区系和植物资源、植被类型的调查与研究一直是植物学研究领域的一个重要组成部分。

2014—2016年,科考组对白芨滩国家级自然保护区开展了多次野外植物资源与植被状况调查,期间采集了大量的植物标本,拍摄植物照片2300余张,收集了有关保护区植物区系与自然地理的相关资料,还通过中国数字标本馆的网络资源,查阅了我国多个标本馆馆藏的宁夏灵武标本500余号,整理编制了保护区植物名录。通过文献研究与两次野外考察结果,初步确定了保护区植物种类与分布状况,修订了保护区植物名录。调查过程中有许多新的发现,包括新发现被子植物2科2属8种,扩充了以前的植物名录,并对保护区的植物区系进行了分析。根据已有宁夏植物分类学资料,为便于与前人资料进行对比研究,本研究采用恩格勒植物分类系统。

2.1.1 植物种类的基本组成

根据科考组的野外考察、文献查阅与标本研究,确定了白芨滩国家级自然保护区共有维管植物55科172属311种。其中,蕨类植物只有1科1属3种,种子植物54科171属308种。种子植物中,裸子植物3科6属10种,被子植物51科165属298种。种子植物种数占保护区维管植物种类的99%,种子植物占绝对优势,其中被子植物又占种子植物的绝大多数。与2010年科考维管植物调查结果相比,本次调查增加2科2属8种新发现植物。

与我国的植物区系种属数量相比,白芨滩国家级自然保护区植物区系数量较为贫乏，与整个宁夏回族自治区的植物区系种属数量相比，也较为贫乏。就种子植物统计数看，全国 346 科，宁夏 119 科，保护区 54 科；全国 3162 属，宁夏 593 属，保护区 171 属；全国 28414 种，宁夏 1811 种，保护区 308 种（表 2-1）。这与保护区所处地理与气候环境紧密相关，严酷的气候环境、贫乏的水资源导致本区植物种类的稀少。但是，若将白芨滩国家级自然保护区与其他几个荒漠类型的保护区进行比较，其种子植物种类数仅次于甘肃民勤连古城国家级自然保护区，而显著高于哈腾套海国家级自然保护区和乌拉特梭梭林 – 蒙古野驴国家级自然保护区，因此在对荒漠植物物种、植被类型和生态系统保护方面具有很高的价值。

表 2-1　白芨滩国家级自然保护区种子植物与宁夏、全国种子植物的比较

类别	科数			属数			种数		
	白芨滩	宁夏	全国	白芨滩	宁夏	全国	白芨滩	宁夏	全国
裸子植物	3	7	11	6	11	36	10	21	224
被子植物	51	112	335	165	582	3126	298	1790	28190
合计	54	119	346	171	593	3162	308	1811	28414

2.1.2　植物区系的科属多样性

白芨滩国家级自然保护区植物区系中按属排列最大科为禾本科（23 属），以下依次为菊科（19 属）、豆科（19 属）、藜科（13 属），其他科中属数均没有超过 10。按种数排列，最大科为豆科（39 种），以下依次为菊科（32 种）、藜科（32 种）、禾本科（31 种）。这其中除了菊科、豆科与禾本科这样的世界性大科外，藜科植物占明显优势，成为本区特色优势植物，显示了本区干旱荒漠区系性质（表 2-2）。

表 2-2　白芨滩国家级自然保护区植物区系的科内属、种数统计

科名	拉丁名	属数	种数
松　科	Pinaceae	2	4
柏　科	Cupressaceae	3	4
麻黄科	Ephedraceae	1	4
杨柳科	Salicaceae	2	15
胡桃科	Juglandaceae	1	1
榆　科	Ulmaceae	1	2
桑　科	Moraceae	1	1
蓼　科	Polygonaceae	4	4
藜　科	Chenopodiaceae	13	32
苋　科	Amaranthaceae	1	1
石竹科	Caryophyllaceae	2	2
罂粟科	Papaveraceae	1	1
毛茛科	Ranunculaceae	3	4
小檗科	Berberidaceae	1	1
十字花科	Cruciferae	5	10

（续）

科名	拉丁名	属数	种数
蔷薇科	Rosaceae	7	18
豆　科	Leguminosae	19	39
亚麻科	Linaceae	3	3
蒺藜科	Zygophyllaceae	4	6
苦木科	Simarubaceae	1	1
远志科	Polygalaceae	1	2
大戟科	Euphorbiaceae	1	3
漆树科	Anacardiaceae	1	1
卫矛科	Celastraceae	1	1
槭树科	Aceraceae	1	1
无患子科	Sapindaceae	1	1
鼠李科	Rhamnaceae	1	2
葡萄科	Vitaceae	1	1
锦葵科	Malvaceae	2	2
柽柳科	Tamaricaceae	3	4
胡颓子科	Elaeagnaceae	1	1
锁阳科	Cynomoriaceae	1	1
伞形科	Umbelliferae	1	1
蓝雪科	Plumbaginaceae	1	1
木犀科	Oleaceae	3	5
萝藦科	Asclepiadaceae	2	5
旋花科	Convolvulaceae	2	4
紫草科	Boraginaceae	1	1
唇形科	Labiatae	1	1
茄　科	Solanaceae	1	2
紫葳科	Bignoniaceae	1	1
列当科	Orobanchaceae	2	2
车前科	Plantaginaceae	1	1
菊　科	Compositae	19	32
香蒲科	Tphaceae	1	1
眼子菜科	Potamogetonaceae	1	1
禾本科	Gramineae	23	31
莎草科	Cyderaceae	1	3
百合科	Liliaceae	2	4
鸢尾科	Iridaceae	1	3

　　本区中共有维管植物 172 属，其中蕨类植物有 1 属，约占本区总数的 0.6%，裸子植物 6 属，占本区总数的 3.5%，而被子植物有 165 属，占本区的 95.9%。本区中超过 10 个种的大属只有一个，即菊科的蒿属。而超过 5 个种的属有豆科的黄芪属、锦鸡儿属，蔷薇科的委陵菜属，藜科的虫实属、猪毛菜属、藜属。另有栽培植物杨柳科的杨属、柳属，十字花科的芸薹属超过 5 个种（参见附表 1）。上述大属中，在白芨滩国家级

自然保护区成为建群种的植物有锦鸡儿属,其他种类仅为优势种或伴生种出现在不同的群落之中。而本区的大部分属为仅含 1 ~ 5 个种的寡种属,其中单种属就有 107 个,占总数的 62% 。这体现了白芨滩国家级自然保护区植物区系组成的多样性、复杂性与古老性。

由此可见,白芨滩国家级自然保护区被子植物的大多数种类集中在少数几个科中,其中藜科植物在本区明显种数众多,超过我国北方区系中常见的蔷薇科等大科,充分体现了白芨滩国家级自然保护区处于东亚荒漠地区的特征。这样的单属科与单型属反映出一个地区植物进化的历史与现状。根据以往研究,单属科频繁发生反映了进化的两个方向:一是残遗,即科中许多属、种已经灭绝;二是科、属分化仍处于初期阶段。

2.1.3 植物生活型谱分析

植物生活型是植物对外界环境适应的外部表现形式。同一生活型的物种,具有相似的形态特征和适应方式,因而生活型类群的组成情况和生态特征是植被的基本特征之一,并成为鉴别群落类型归属和性质的主要依据。

本研究采用生活型分类将植物的生活型分为乔木、灌木、半灌木、小灌木、小半灌木、多年生草本、一年生草本等大类。木本植物类群又可分为常绿、落叶或针叶、阔叶等亚类或次亚类群。多年生草本类群又可分为禾草、非禾草或丛生、根茎、直根等类群。有的还可以分出更次级的类群。

乔木类群,需要较好的水分条件。天然乔木树种主要分布在山区一定海拔高度的中山以上的阴坡,在白芨滩国家级自然保护区多为人工栽植种类,以往调查中种类不过数十种。根据本次调查结果,本区共有乔木 35 种,多为栽培植物。

灌木、半灌木类群,对水分条件的需求通常次于乔木,且因种类不同,其适应性差异较大。多数灌木属于中生性质,多在水分条件较好的中山以上的坡地生长,许多情况下是森林被破坏后的次生种类;有一些种类具有显著的旱生特征,能在较干旱的陡峻山坡上生长;有的则具有较强的耐盐碱特性,在盐碱地上可利用潜水生存。由于灌木类群适应性广泛,因而植物种类较多,在白芨滩国家级自然保护区有 32 种左右。小灌木、小半灌木类群多具有较发达深广的根系和明显的旱生特征,大多在荒漠和半荒漠地带分布,是重要的建群成分。小灌木、小半灌木在本区分布较广,共有 52 种。

多年生草本类群,在我国北方干旱地区以蒸腾量小和具有一定的旱生形态和结构而比乔木、灌木耐旱。多年生草本植物是白芨滩国家级自然保护区植物中的主体,其种数占所有植物种的 50% 以下,共 114 种。一年生或二年生草本植物能利用夏、秋季的部分雨水正常生长和发育。即使在保护区北部较干旱的生境中,也有较多的种类和种群,在群落中占据较可观的地位,本区共有 78 种。

白芨滩国家级自然保护区的自然地理状况是以旱生植物群落为主的生态环境,在不同地理部位中由于地形变化等综合作用,保护区植被的生活型类群的组合和变化规律十分显著。第一,在全区的主体草原植被中,多年生草本在生活型类群中占很大的优势,可达 58% ~ 80% ,并有一定数量的旱生灌木和小灌木、小半灌木类群,反映了白芨滩国家级自然保护区基本植被的旱生特征;第二,由南向北,随着水分生态条件的干旱化和植被类型自草原向干草原、荒漠草原、荒漠植被的过渡,灌木和半灌木、小灌木和小半灌木及旱生一年生草本生活型类群的植物种的比例逐年增加，其中小灌木、小半灌木种比例的增加更为显著，而多年生草本生活型类群的比例逐渐减少；第三，落叶灌丛植被中，草本植物类群占 70% 以上，反映了白芨滩国家级自然保护区内灌丛植被具有一定的草原化性质；第四，荒漠植被中的多年生草本类群的植物种占很大比例，进一步反映了宁夏荒漠植被的草原化性质。可见，生活型类群组成的变化，是与生态环境及其相应的植被类型的变化一致的。

生活型类群随生态地理环境而变化，在水分较少的干旱、半干旱生态环境中，分布以多年生旱生草类和旱生小灌木、小半灌木为优势的各类草原以及由具有适沙性能的旱生植物组成的沙地植被。水分严重缺乏的干旱区，分布着以极其耐旱的超旱生小灌木、小半灌木为优势成分的荒漠群落。

2.1.4　植物水分生态型

按照植物对水分条件的适应性，将白芨滩国家级自然保护区野生维管植物划分为强旱生植物、旱生植物、中旱生植物、旱中生植物、中生植物、湿中生植物、湿生植物、水生植物等不同生态型（表2-3）。

表 2-3　白芨滩国家级自然保护区维管植物水分生态型统计

水分生态型	种数	百分比（%）
水生植物	1	0.3
湿生植物	2	0.6
湿中生植物	3	1.0
中生植物	111	35.7
旱中生植物	44	14.1
中旱生植物	28	9.0
旱生植物	92	29.6
强旱生植物	30	9.6

由表2-3可知，本区内旱生植物（包括强旱生至旱中生植物）占据相当大的比例，占了全部种类的62.3%。水分生态型中中生植物占比较高的比例，这与近年来保护区荒漠化治理与植树造林使得生态环境大大改善密切相关。本区中地表水极为稀少，使得湿生与水生植物种类非常稀缺，仅有眼子菜、香蒲、木贼等喜湿植物，虽然它们占的比例很小，但极大地丰富了本区植物水分生态类型和区系组成。

2.1.5　植物的地理成分分析

植物的地理成分分析是区系成分分析的基础和重要组成部分，按照塔赫他间对世界植物区系区划，并参照吴征镒、王荷生关于属、种的分布划分的原则和方法，对白芨滩国家级自然保护区维管植物的分布类型加以统计。

从区系组成角度看，白芨滩国家级自然保护区种子植物属的数量虽然较少，但拥有所有15个分布型（表2-4）。世界分布26属；泛热带分布16属，占保护区属数（不包括世界分布属，下同）的11.01%；热带亚洲和热带美洲间断分布1属，占保护区属数的 0.69%；旧大陆热带分布 3 属，占保护区属数的 2.07%；热带亚洲至热带大洋洲分布 1 属，占保护区属数的 0.69%；热带亚洲至热带非洲分布 3 属，占保护区属数的 2.07%；热带亚洲分布 1 属，占保护区属数的 0.69%；北温带分布 58 属，占保护区属数的 40.00%；东亚—北美洲间断分布 6 属，占保护区属数的 4.14%；旧大陆温带分布 18 属，占保护区属数的 12.41%；温带亚洲分布 8 属，占保护区属数的 5.52%；地中海地区、西亚至中亚分布 19 属，占保护区属数的 13.10%；中亚分布 8 属，占保护区属数的 5.52%；东亚分布 1 属，占保护区属数的 0.69%；中国特有分布 2 属，占保护区属数的 1.38%。

表 2-4　白芨滩国家级自然保护区种子植物分布区类型分析

分布区类型	属数	占保护区属数比例（%）
一、世界分布	26	—
二、泛热带分布	16	11.01
三、热带亚洲和热带美洲间断分布	1	0.69
四、旧大陆热带分布	3	2.07
五、热带亚洲至热带大洋洲分布	1	0.69
六、热带亚洲至热带非洲分布	3	2.07
七、热带亚洲分布	1	0.69
八、北温带分布	58	40.00
九、东亚—北美洲间断分布	6	4.14
十、旧大陆温带分布	18	12.41
十一、温带亚洲分布	8	5.52
十二、地中海地区、西亚至中亚分布	19	13.10
十三、中亚分布	8	5.52
十四、东亚分布	1	0.69
十五、中国特有分布	2	1.38
合计	171	100.00

研究结果表明，白芨滩国家级自然保护区虽然为荒漠区，但植物区系以温带区系为主。值得注意的是，排在第二位的地中海中亚系成分占相当高的比例，这样的植物区系成分是荒漠地区植物区系的特征成分，因此本区荒漠区系成分比较明显。从植物区系组成看，15 种区系成分在本区均有代表植物，这说明本区植物区系组成较为复杂，并且区系成分相对古老。这些研究结果对本区荒漠化治理与改造具有重要指导意义。在本区可以选用大量北温带区系成分植物对初步荒漠化治理后的片区开展进一步绿化工作。

2.1.6　植物区系特征

综合科考调查结果，保护区区系成分为较为典型的温带荒漠植物区系成分，兼有温带草原植物区系的特点。调查结果中，确认了保护区共有维管植物 55 科 172 属 311 种，其中蕨类植物 1 科 1 属 3 种，种子植物 54 科 171 属 308 种。种子植物中，裸子植物 3 科 6 属 10 种，被子植物 51 科 165 属 298 种。进化程度最高、适应性最强的种子植物总数占保护区维管植物总数的 99%。这体现了保护区内区域环境的严酷性和荒漠植物区系的典型特征。白芨滩国家级自然保护区植物数量较为贫乏，这与保护区所处地理与气候环境紧密相关。然而，白芨滩国家级自然保护区与国内其他荒漠类型的保护区相比，其种子植物种类相对丰富，加上植被类型的独特性，在荒漠植物物种、植被类型和生态系统保护方面具有很高的价值。

白芨滩国家级自然保护区植物区系构成中，在种数组成上，藜科植物占据较为明显的优势，成为本区植物区系构成的一个特点，显示出本区干旱荒漠区植物区系的性质。而禾本科植物种类突出占优，显示出一定的温带草原区系特性。

在植物区系类型方面，白芨滩国家级自然保护区种子植物属拥有全部 15 个分布类型，各个类型在本区均有代表植物，这说明本区区系组成较为复杂，并且区系成分相对古老。这些研究结果对本区荒漠化治理与改造具有重要指导意义。在所有植物区系类型中，除世界分布占有 26 属之外，其他类型中，北温带分布的属有 58 属，占保护区总属数的 40.00%，位居第一；地中海地区、西亚至中亚分布 19 属，占保护区属数的 13.10%，位居第二；旧大陆温带分布 18 属，占保护区属数的 12.41%，位居第三；其他分布区类型属数比例在 12% 以下，反映出白芨滩国家级自然保护区植物区系以温带区系为主的特点，同时地中海中亚区系成分占相当高的比例，具有荒漠地区植物区系的特征成分。

在珍稀植物分布方面，白芨滩国家级自然保护区分布有国家重点保护植物 3 种，其中国家 I 级重点保护野生植物 1 种，为发菜（*Nostoc commune* var. *flagelliforme*），国家 II 级重点保护野生植物 1 种，为沙芦草（*Agropyron mongolicum*），人工栽培国家 II 级重点保护野生植物 1 种，即水曲柳（*Fraxinus mandschurica*）。保护区中还拥有古地中海子遗植物沙冬青（*Ammopiptanthus mongolicus*），为我国荒漠植被类型中唯一的常绿灌木，在保护区的多处地段形成稳定的群落，其独特的生活习性与适应性形成了沙漠独特的景观。沙冬青在白芨滩国家级自然保护区的存在，对于研究常绿树种与干旱环境的适生关系以及古地球的演化等具有极大的科学价值。

总之，白芨滩国家级自然保护区处于荒漠生态系统，较之我国其他荒漠地区其野生植物种类较为丰富。保护区中兼有温带草原植物区系的特点。开展白芨滩国家级自然保护区植物区系及资源研究与保护，对于我国西北地区荒漠生态系统植被恢复、荒漠植物多样性保护和荒漠生态系统研究具有很重要的价值。

2.2　植被类型

2014 年至 2015 年春季，科考项目组成员先后开展了摸底踏查和初步调查，在此基础上，根据项目任务要求，制订了野外调查计划、植被调查方法，组建了由项目负责人、植物分类人员、白芨滩国家级自然保护区协助调查人员、研究生等 15 人构成的植被调查队伍，按照《自然保护区地理信息系统和生物多样性数据库建设技术规范》要求，确定了野外调查表的内容及数据格式。通过分区线路调查和典型抽样调查，对保护区范围内所有植被（包括珍稀植物沙冬青及发菜资源）进行了样地调查，共调查乔木、灌木、草本样地232个，同时对样地植被类型及环境进行了拍照，共获取照片1400余幅，通过对数据整理分析，完成了本次科考的植被分类工作。

2.2.1 植被分布的影响因素

植被是一个地区所有植物群落的总称。不同植物群落的分布范围取决于两个方面的因素，一个是组成群落的植物种类的生物学、生态学习性，另一个是光照、热量、水分、空气及矿物营养等生态因子所构成的环境条件。在生态因子递变过程中，各种植物对每一种生态因子都有一个最适、最低和最高的耐受范围，决定了各自的空间分布范围。生态习性相似的植物是形成同一群落不同片层的基础，形成了植被分布的差异性。在影响植物地理分布的环境因子中，热量和水分条件是其中两个最主要的生态因子，热量和水分因子又和植物群落所处的纬度、经度、海拔高度、地形、降水等环境因子密切相关，不同地理位置上的水热组合条件不同，决定了植被水平分布和垂直分布的地带性。

白芨滩国家级自然保护区位于鄂尔多斯高原的西南角，毛乌素沙漠南缘，南部与黄土丘陵区相连，西部毗邻腾格里沙漠，在气候类型上属于中温带干旱气候区。保护区地貌形态主要有丘陵、低山及沙漠3种类型，大致可划分为3个区域（图2-1），即北部低山丘陵区、东南部低缓丘陵区和中部沙漠低山丘陵区。北部低山丘陵区位于宁夏引黄灌区平原的东部，平均海拔1400m左右，山地土壤母质为基岩风化残积物，由于风蚀严重，土层较薄，含石砾较多；东南部低缓丘陵区主要分布在鄂尔多斯台地剥蚀丘陵上，海拔在1300～1400m，由东南向西北平缓倾斜，相对高度50m左右，坡度小于10°，缓坡丘陵区母质为第四纪洪积、冲积物组成，地面切割严重，形成的冲沟较多；中部沙漠低山丘陵区海拔在1180～1400m，位于毛乌素沙漠的南缘，沙漠面积较广，呈带状分布，东西长约40km，南北宽约10km，其东部沙丘一般较低，丘间低地较宽，多有湖盆草地，沙丘成新月形沙丘链，西部沙丘较东部沙丘高大密集，连绵起伏。

白芨滩国家级自然保护区内植被分异主要是由降水差异、地貌形态差异及土壤差异综合作用的结果所致。在植被的垂直分布方面，保护区整体属于低山丘陵地段，保护区内各个山峰绝对海拔多在1400m以下，相对高差在400m以下，植被大致与水平基带近似，垂直分

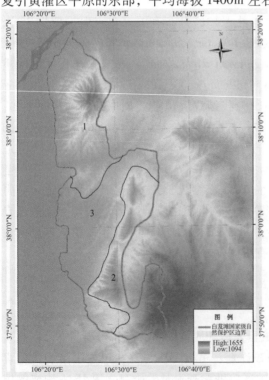

图2-1 白芨滩国家级自然保护区地形分区
1. 北部低山丘陵区；2. 东南部低缓丘陵区；
3. 中部沙漠低山丘陵区

异不明显。保护区植被的水平分布与其地貌的细微变化密切相关。位于保护区西北部低山丘陵区最为干旱，降水量最少，多属于荒漠植被带；中部沙漠低山丘陵区和东南部低缓丘陵区降水量稍多，属于荒漠草原植被带，在荒漠草原植被带局部水分条件较好的特殊环境条件下，分布有小块状的干草原植被和沼生植被。整个保护区植被的分布表现为：从东南向西北方向，植被由草原植被过渡为荒漠植被。

2.2.2　植被水平分异特征

白芨滩国家级自然保护区植被主要划分为荒漠植被和荒漠草原植被两大类，其分布具有如下特征。

2.2.2.1　荒漠植被

荒漠植被主要分布在保护区西北部的低山丘陵区和中部到南部较为高大山丘阳坡局部地段，荒漠植被分布区年降水量一般在 200mm 以下，土壤以淡灰钙土为主，多含砾石及沙石，植被稀疏，盖度低，植物群落主要建群种由红砂（*Reaumuria songarica*）、珍珠猪毛菜（*Salsola passerina*）、刺旋花（*Convolvulus tragacanthoides*）等超旱生小灌木、小半灌木建群种组成，伴随以短花针茅（*Stipa breviflora*）、细弱隐子草（*Cleistogenes gracilis*）和细柄茅（*Ptilagrostis mongholica*）等草原性植物构成的草本层片。

2.2.2.2　荒漠草原植被

荒漠草原位于保护区中部和南部，该区域年平均降水量 200～300mm，土壤以淡灰钙土为主，植物群落草本层以旱生的短花针茅、戈壁针茅（*Stipa gobica*）、沙生针茅（*Stipa glareosa*）、细柄茅、细弱隐子草、糙隐子草（*Cleistogenes squarrosa*）等多年生丛生小禾草为主，灌木层以强旱生及超旱生的猫头刺（*Oxytropis aciphylla*）、刺旋花、蓍状亚菊（*Ajania achilloides*）、冷蒿（*Artemisia frigida*）、红砂、珍珠猪毛菜等优势小灌木、小半灌木组成，由于气候干旱及年际间降水变动较大，多年生丛生小禾草在群落中的数量种类变动幅度较大，有时处于群落中的优势地位，有时退居其次。

荒漠草原植被的组成和分布受地形和土壤环境影响较大，在荒漠草原区的低缓丘陵区上部，多形成以猫头刺、川藏锦鸡儿（*Caragana tibetica*）、沙冬青、柠条（*Caragana korshinskii*）为建群种的荒漠草原群落，低山丘陵中下部主要由黑沙蒿（*Artemisia ordosica*）、柠条和杂类草为建群种构成荒漠草原群落类型；在荒漠草原带的中部沙漠低山丘陵区，横向分布有面积广阔的流动沙丘及固定沙丘，在流动沙丘的底部及固定沙丘中下部分布有天然起源的以黑沙蒿、白沙蒿（*Artemisia blepharolepis*）、甘草（*Glycyrrhiza uralensis*）、沙芦草、白草（*Pennisetum centrasiaticum*）和苦豆子（*Sophora alopecuroides*）等半灌木或草本植物为建群种构成的沙生植被，同时也分布有一定面积的通过方格固沙和造林培育形成的以柠条、沙拐枣（*Calligonum mongolicum*）、花棒（*Hedysarum scoparium*）、黑沙蒿为建群种的人工起源的沙漠灌丛植被；在荒漠草原中部和南部局部水分条件稍好的阴坡地段，镶嵌分布有以长芒草（*Stipa bungeana*）、短花针茅、冷蒿为建群种的小块状干草原植物群落；在荒漠草原区沟谷低洼积水或河流两侧低洼地段，分布有小面积的以芦苇（*Phragmites australis*）、扁秆薦草（*Scirpus planiculmis*）或狭叶香蒲（*Typha angustifolia*）为建群种的沼生植物。整体而言，白芨滩国家级自然保护区处于从草原植被带向荒漠植被带过渡的区域。

2.2.3 植被分类体系及类型划分

2.2.3.1 植被分类体系

植被分类可以对植被的结构特征、物种组成以及植物与环境之间的关系有更加深刻和清晰的认识,为保护和合理利用植被提供依据。植被类型的划分必须依据一定的标准,该标准可以选择植物群落的某些特征,如外貌结构特征、植物种类组成、植被动态特征或生境特征等。我国在植被分类方面较有影响的植被分类体系有3个,分别为《中国植被》中的植被分类系统、宋永昌提出的植被分类系统和张新时等提出的植被分类系统,三者各有其特点。

《中国植被》中所建立的植被分类系统是我国最权威的植被分类系统,得到国内大多数植被分类专家的普遍认可,在我国各地区植被分类中被广泛应用。《中国植被》中的植被分类系统以植物群落学–生态学作为分类原则,强调以植物群落自身特征作为分类依据,又兼顾植被的环境特征。采用的主要分类单位有植被型(高级单位)、群系(中级单位)和群丛(基本单位)3个等级,每个等级之上和之下又各设一个辅助单位和补充单位。其中,高级单位的分类依据侧重于群落外貌、结构和生态地理特征,中级和中级以下的分类单位则侧重于群落的种类组成。

宋永昌(2011)根据国内外植被分类现状及发展趋势,在《中国植被》原有的分类系统上进行了调整,将高级单位调整为植被型纲–植被型亚纲–植被型组–植被型,中级单位调整为集群(群系组)–优势度型(群系),低级单位仍然为群丛。宋永昌的调整方案尽管在体系的严谨性与国际接轨方面更趋合理,但在植被分类的难易程度和等级体系的简易明了性方面不如《中国植被》中的植被分类系统,因此其采用程度相对较低。

张新时(2007)在《中国植被地理格局与植被区划——中华人民共和国植被图集1∶100万说明书》中,也是依据植物群落学–生态学原则,建立了6个等级的植被分类体系,分别为植被型组、植被型、植被亚型、群系组、群系和亚群系。该分类体系中高级、中级分类单位划分的依据与《中国植被》中的植被分类体系接近,但缺乏低级分类单元,因此从全国尺度进行植被分类或植被图绘制时,可以不考虑小尺度空间上的低级分类单元,满足大尺度空间植被分类及绘图的需要。但对于白芨滩国家级自然保护区,由于其空间尺度相对较小,植被的差异更多的是体现在低级分类单元方面,因此该系统不适合于白芨滩国家级自然保护区的植被分类。

综上所述,对白芨滩国家级自然保护区植被类型的划分,仍采用《中国植被》中植被分类系统的方法及分类等级。

2.2.3.2 植被类型划分

白芨滩国家级自然保护区的植被类型,根据起源划分为天然植被和人工植被两大类。

(1)天然植被类型的划分:根据《中国植被》中的植被分类体系,保护区天然植被划分为4个植被型组、5个植被型、8个植被亚型、20个群系组、33个群系,详见表2-5。在8个植被亚型中包括1个人工沙生植被亚型,该亚型之下的灌木沙生植被群系组和半灌木沙生植被群系组所包括的植被类型,都起源于人工造林,主要分布于白芨滩国家级

自然保护区内流动沙地上，分布面积广，在保护区植被构成中占有很大比例。该类型
在造林过程中对原有的沙地坡面未进行整地处理，坡面保持原有的自然状态，造林后
一般不进行引水灌溉或喷灌，人为影响较小，经过 10 年左右生长发育，该亚型人工植
被外貌形态上已接近天然植被状态，或与天然灌丛外貌形态难以区别，在群落演替方
面更趋向于自然演替，因此在植被分类中将该类型并入到天然植被类型中。

表 2-5　白芨滩国家级自然保护区天然植被分类（包含人工沙生植被）

植被型组	植被型	植被亚型	群系组	群系
草甸	草甸	低地盐生草甸	高丛生禾草草甸	芨芨草草甸
草原及草原带沙生植被	草原	干草原	丛生小禾草干草原	长芒草草原
		荒漠草原	丛生小禾草、小灌木荒漠草原	短花针茅、猫头刺荒漠草原
				短花针茅、木本猪毛菜荒漠草原
			丛生小禾草、小半灌木荒漠草原	短花针茅、刺旋花草原
			灌木荒漠草原	沙冬青荒漠草原
				柠条荒漠草原
			小灌木荒漠草原	猫头刺荒漠草原
				黑沙蒿荒漠草原
			旱生杂类草荒漠草原	尖头叶藜荒漠草原
	草原带沙生植被	天然沙生植被	半灌木沙生植被	黑沙蒿群落
				杠柳群落
			旱中生杂类草沙生植被	苦豆子群落
			根茎禾草沙生植被	白草群落
				沙鞭群落
			一年生草本沙生植被	沙蓬群落
		人工沙生植被	灌木沙生植被	柠条群落
				花棒群落
				沙拐枣群落
				毛柳群落
			半灌木沙生植被	黑沙蒿群落
荒漠	荒漠	超旱生小灌木、小半灌木荒漠	超旱生小灌木荒漠	猫头刺荒漠
				川藏锦鸡儿荒漠
				阿拉善锦鸡儿荒漠
			超旱生小半灌木荒漠	珍珠猪毛菜荒漠
				红砂荒漠
				刺旋花荒漠
		超旱生灌木荒漠	落叶灌木荒漠	霸王荒漠
			常绿灌木荒漠	沙冬青荒漠
沼泽和水生植被	沼泽	草本沼泽	根茎禾草沼泽	芦苇沼泽
			莎草型沼泽	扁秆藨草沼泽
			杂类草沼泽	狭叶香蒲沼泽

（2）人工植被类型的划分：人工植被起源于人工播种或人工栽植。白芨滩国家级自然保护区人工植被类型的划分对象，主要是分布于保护区各管护站建筑周边以及居民点周边、通过引水灌溉培育的以乔木为建群种的防护林、沙地开垦栽植的果林、农田防护林。这一类人工植被一般经过整地，通过引水灌溉或喷灌满足林木生长。

对人工植被的分类，根据《中国植被》和其他学者对人工植被的分类等级体系，将人工植被分类等级体系划分为栽培植被型组、栽培植被型、栽培植被亚型、栽培植被系组、栽培植被系和栽培植被组 6 个分类等级。6 个分类等级中，栽培植被型组是由高级生活型相同的建群种组成的栽培群落联合而成，通常分为草本栽培植被型组和木本栽培植被型组。栽培植被型是栽培植被型组下，群落外貌、经济特性和栽培技术相似的栽培群落联合而成，草本栽培植被型组下可划分为粮油作物型和人工草地型，木本栽培植被型组下可划分为经济林型、果园型和其他人工林型 3 个栽培植被型。栽培植被亚型是指栽培植被型之下，根据生态地理条件及培育措施进行划分（如农作物根据灌溉条件划分为旱作作物和灌溉作物），或根据栽培目的及群落特征进行划分（如人工林栽培植被型可划分为农田防护林、防风固沙林和水土保持林等亚型）。亚型以下的栽培植被系组、栽培植被系和栽培植被组主要针对农作物水分生态条件、耕作措施、成熟情况等进行划分。

根据以上分类体系和分类范围，将白芨滩国家级自然保护区人工植被划分为 1 个栽培植被型组、2 个栽培植被型、2 个栽培植被亚型、3 个栽培植被系组，具体见表2-6。

表 2-6　白芨滩国家级自然保护区人工植被分类

栽培植被型组	栽培植被型	栽培植被亚型	栽培植被系组	栽培植被系
木本栽培植被型组	果园型	落叶果树亚型	温性果树组合型	苹果园、梨园、杏园
	其他人工林型	防护林亚型	农田防护林组合型	箭杆杨林、新疆杨林、旱柳林、侧柏林、刺槐林、圆柏林等
			防风固沙林组合型	柠条、沙拐枣、花棒、小叶锦鸡儿、黑沙蒿等灌木和刺槐、侧柏、柳树、圆柏、樟子松、小叶杨、小青杨、沙枣等乔木组成的混交林

与 2010 年科考时植被调查结果相比，本次植被调查更为全面细致，对保护区天然植被和人工植被均进行了调查分类，在植被类型上更为细致。与 2010 年植被类型划分结果（2 个植被型组、2 个植被型、5 个植被亚型、13 个群系组和 27 个群系）相比，增加了多个植被类型，尤其对保护区各植物群系首次进行了更细的划分，达到群丛分类级别。本次更为细致全面的调查分类，为全面掌握白芨滩国家级自然保护区天然植被及人工植被状况提供了基础数据信息。

2.3　植被分类描述

2.3.1　草原

草原植被分布于半湿润到干旱气候带之间，由旱生多年生草本或木本植物组成。

根据气候条件，草原划分为热带草原和温带草原两大类。我国大部分草原属于温带草原，植被的建群种较为丰富，可由多年生旱生或旱中生丛生禾草、中旱生根茎禾草、中旱生杂类草、苔草、半灌木、小灌木或小半灌木为优势种构成群落的主要片层，并伴生以其他灌草植物种类。草原植被为适应干旱环境，构成植物通常具有明显的旱生结构，如叶片缩小或内卷、叶特化、叶片机械组织和保护组织发达、根系浅而发达等。草原植被中，针茅属植物遍布全球各大区，形成草原植被的主要建群种，主要种类有短花针茅、长芒草、沙生针茅、戈壁针茅等。

草原植被因水分条件差异、植物种类组成和片层结构的不同，一般可划分为草甸草原、典型草原(干草原)和荒漠草原 3 个植被亚型。白芨滩国家级自然保护区地处鄂尔多斯台地西南部边缘，草原植被主要以荒漠草原植被亚型为主，在荒漠草原局部特殊环境条件下分布有面积极小的干草原和沼生植被亚型。各亚型植物群落构成及分布情况如下。

2.3.1.1　干草原

干草原是以丛生禾草为主的中旱生或广旱生的植物为建群种所构成的群落类型，干草原中旱生丛生禾草片层往往占据优势，有时也可由小半灌木为建群种构成优势片层并伴生不同数量的中旱生杂类草或旱生根茎苔草，或混生旱生灌木或小半灌木。干草原主要分布于宁夏中南部地区，在白芨滩国家级自然保护区，干草原仅可划分为1 群个系组和1 个群系，即丛生禾草干草原群系组和长芒草草原群系，该类型在保护区局部地点以长芒草为单优种构成丛生禾草高草原，并以斑块状零星分布的形式出现。

丛生禾草干草原：

长芒草草原（*Stipa bungeana* steppe）：

长芒草群丛（Ass. *Stipa bungeana*）：长芒草草原在保护区中南部海拔 2300m 的低山丘陵阴坡及海拔 1700m 较为平缓的半固定沙地有零星斑块状分布，群落由长芒草组成单优片层，盖度 50%，高度 0.3m，其他植物在坡地偶见牛枝子（*Lespedeza potaninii*）、老瓜头（*Cynanchum komarovii*）和冷蒿，在平缓半固定沙地有猪毛菜（*Salsola collina*）、栉叶蒿（*Neopallasia pectinata*）和沙蓬（*Agriophyllum squarrosum*）出现。

2.3.1.2　荒漠草原

荒漠草原是草原植被中最旱化的植被类型，其建群种由旱生丛生小禾草组成，常混生大量旱生小半灌木，并在群落中形成稳定的优势层片。我国荒漠草原地处亚洲大陆内部干旱区与半干旱区之间的边缘地带，气候干燥少雨，年降水量在 200~250mm，属于大陆性季风气候区，土壤以灰钙土为主。荒漠草原植被主要受自然环境影响而形成，同时，人类不合理的放牧、开垦以及开矿，也会导致荒漠草原的形成。荒漠草原生长的植物主要是一些耐干旱、叶片小、根系分布较深的植物，以适应干旱的生存环境。

荒漠草原是白芨滩国家级自然保护区内的主要植被类型，主要分布于保护区的东南部低缓丘陵区和中部沙漠低山丘陵区。荒漠草原主要组成物种包括禾本科、菊科、豆科、藜科植物，群落建群种以强旱生丛生小禾草如短花针茅、长芒草、硬质早熟禾（*Poa sphondylodes*）等为主，常伴生有强旱生小灌木或小半灌木植物种类，甚至由小灌木或小半灌木构成群落的优势片层。保护区荒漠草原中主要的强旱生小灌木有猫头刺、川藏锦鸡儿、狭叶锦鸡儿(*Caragana stenophylla*),强旱生的小半灌木植物种类有刺旋花(*Convolvulus tragacanthoides*)、蓍状亚菊、牛枝子、冷蒿。

根据《中国植被》中的植被分类体系和参照《宁夏植被》的植被分类,将白芨滩国家级自然保护区荒漠草原植被划分为5个群系组、8个群系、12个群丛类型。各主要类型描述如下。

(1)丛生小禾草、小灌木荒漠草原:

1)短花针茅、猫头刺荒漠草原(*Stipa breviflora*、*Oxytropis aciphylla* desert steppe):

短花针茅+猫头刺群丛(Ass. *Stipa breviflora* + *Oxytropis aciphylla*):该类型分布于保护区中东北部海拔1300m的低山丘陵区阳坡地段,地表有砾石,群落总盖度40%,主要由短花针茅构成草本片层,伴生有猫头刺及沙冬青。短花针茅高0.2m,盖度35%;猫头刺高0.2m,丛径0.3m,盖度4%;沙冬青高0.3m,丛径0.4m,盖度3%(彩图3-1)。

2)短花针茅、木本猪毛菜荒漠草原(*Stipa breviflora*、*Salsola arbuscula* desert steppe):

短花针茅+硬质早熟禾-木本猪毛菜群丛(Ass. *Stipa breviflora* + *Poa sphondylodes-Salsola arbuscula*):该类型分布于保护区中部山地海拔1320m的低山丘陵区阳坡地段,地表有砾石和碎石分布,群落总盖度40%。草本层主要由短花针茅、硬质早熟禾构成,其他种类有无芒隐子草(*Cleistogenes songorica*)、针枝芸香(*Haplophyllum tragacanthoides*),草本层总盖度30%。其中短花针茅高0.2m,盖度10%~15%;硬质早熟禾高0.3m,盖度5%。灌木层以木本猪毛菜为主,其他种类有猫头刺、刺旋花及沙冬青。木本猪毛菜高0.3m,盖度6%;猫头刺高0.1m,丛径0.2m,盖度2%;刺旋花高0.1m,丛径0.1m,盖度2%;沙冬青高0.3m,丛径0.4m,盖度2%(彩图3-2)。

(2)丛生小禾草、小半灌木荒漠草原:

短花针茅、刺旋花荒漠草原(*Stipa breviflora*、*Convolvulus tragacanthoides* desert steppe):

短花针茅-刺旋花群丛(Ass. *Stipa breviflora-Convolvulus tragacanthoides*):该类型分布于长流水管护区海拔1440m的丘陵区阳坡坡面,群落总盖度35%,主要由短花针茅和长芒草构成优势丛生禾草片层,伴生有小半灌木刺旋花。短花针茅高0.2m,盖度35%;刺旋花高0.1m,丛径0.1m,盖度5%~10%;伴生种类沙冬青高0.3m,丛径0.4m,盖度3%(彩图3-3)。

(3)灌木荒漠草原:

1)柠条荒漠草原(*Caragana korshinskii* desert steppe):

①柠条-栉叶蒿群丛(Ass. *Caragana korshinskii-Neopallasia pectinata*):该类型分布于长流水管护区龙坑风景区内海拔1350m的丘间平地。灌木层总盖度30%,主要种类为柠条,伴生种类有沙冬青和猫头刺。柠条高1.2m,丛径2.5m,盖度26%;沙冬青高1.0m,丛径0.6m,盖度1%;猫头刺高0.2m,丛径0.4m,盖度2%。其他种类有老瓜头。草本层盖度25%,主要种类有栉叶蒿、猪毛蒿(*Artemisia scoparia*)和雾冰藜(*Bassia dasyphylla*),伴生种类有砂蓝刺头(*Echinops gmelinii*)、猪毛菜、沙蓬等。栉叶蒿高0.25m,盖度13%;猪毛蒿高0.2m,盖度10%;其他种类盖度在2%以下(彩图3-4)。

②柠条 + 黑沙蒿-沙蓬群丛 (Ass. *Caragana korshinskii + Artemisia ordosica-Agriophyllum squarrosum*) : 该群落类型位于长流水管护区内较为高大平缓的沙丘、沙梁上部地段。灌木层总盖度在 20%~50% , 主要种类有柠条和黑沙蒿, 伴生种类有老瓜头、杠柳 (*Periploca sepium*) 和草木犀状黄芪 (*Astragalus melilotoides*) , 偶见种有沙冬青。柠条高 1.9m , 丛径 2m , 盖度 30% ; 黑沙蒿高 0.5m , 丛径 0.5m , 盖度 15% 。草本层盖度 10%~20% , 主要种类有雾冰藜、猪毛菜和沙蓬。雾冰藜高 0.3m , 盖度 20% ; 猪毛菜高 0.3m , 盖度 5% (彩图 3 – 5) 。

③柠条 + 沙冬青-猫头刺群丛 (Ass. *Caragana korshinskii + Ammopiptanthus mongolicus-Oxytropis aciphylla*) : 该群落类型位于长流水管护区内海拔 1450m 左右较为高大的风蚀丘陵上部, 地表局部地段有积沙。灌木层总盖度 20%~50% , 优势灌木、小灌木种类有柠条、沙冬青和猫头刺。柠条高约 1.6m , 丛径 2.2m , 盖度 25% ; 沙冬青高约 0.7m , 丛径 1.5m , 盖度 4.30% ; 猫头刺高 0.2m , 丛径 0.5m , 盖度 5%~20% 。其他灌木种类有黑沙蒿、老瓜头和牛枝子。草本层总盖度 15% 以下, 主要种类有软毛虫实 (*Corispermum puberulum*) 、地锦 (*Euphorbia humifusa*) 、砂蓝刺头、白茅 (*Imperata cylindrica*) 、沙生大戟 (*Euphorbia kozlovii*) 、猪毛菜、雾冰藜。

该类型在高大的固定沙丘上部呈斑块状分布, 沙丘顶端受风沙及放牧干扰, 多活化, 风蚀较严重, 导致沙丘上部坡面局部受风蚀和积沙影响而凹凸不平, 形成新的沙源并向外扩展。坡面风蚀积沙区柠条种群数量扩张, 原来未活化坡面受风沙侵蚀而逐渐减少, 其地表分布的灌木种类沙冬青或猫头刺数量也相应减少 (彩图 3 – 6) 。

2) 沙冬青荒漠草原 (*Ammopiptanthus mongolicus* desert steppe) :

①沙冬青 + 柠条-栉叶蒿群丛 (Ass. *Ammopiptanthus mongolicus + Caragana korshinskii-Neopallasia pectinata*) : 该类型分布于长流水管护区龙坑风景区内海拔 1350m 的缓坡丘陵及丘间平地。灌木层总盖度 20%~40% , 主要种类为沙冬青和柠条, 伴生种类猫头刺和老瓜头。沙冬青高 0.5m , 丛径 0.6m , 盖度 15%~20% ; 柠条高 1.0m , 丛径 1.6m , 盖度 8%~15% ; 猫头刺高 0.2m , 丛径 0.2m , 盖度 3% 。草本层盖度 30% , 主要种类有栉叶蒿、雾冰藜和猪毛蒿, 伴生种类有砂蓝刺头、猪毛菜、沙蓬等。栉叶蒿高 0.25m , 盖度 18% ; 雾冰藜高 0.25m , 盖度 5% ; 猪毛蒿高 0.2m , 盖度 5% ; 其他种类盖度在 1% 以下 (彩图 3 – 7) 。

②沙冬青 + 猫头刺-猪毛蒿群丛 (Ass. *Ammopiptanthus mongolicus + Oxytropis aciphylla-Artemisia scoparia*) : 该类型分布于长流水管护区龙坑风景区内海拔 1380m 的丘陵上部。灌木层总盖度 25% , 主要种类为沙冬青和猫头刺, 伴生种类有柠条。沙冬青高 0.35m , 丛径 0.5m , 盖度 12% ; 猫头刺高 0.2m , 丛径 0.6m , 盖度 10% ; 柠条高 0.7m , 丛径 0.5m , 盖度 2% 。草本层盖度 10% , 主要种类有猪毛蒿, 伴生种类有冷蒿、银灰旋花 (*Convolvulus ammannii*) 和糙隐子草。猪毛蒿高 0.2m , 盖度 3% ; 银灰旋花高 0.1m , 盖度 2% ; 冷蒿高 0.1m , 盖度 1% ; 其他种类盖度在 1% 以下 (彩图 3 – 8) 。

(4) 小灌木荒漠草原:

1) 黑沙蒿荒漠草原 (*Artemisia ordosica* desert steppe) :

①黑沙蒿 + 沙冬青 + 杠柳群丛 (Ass. *Artemisia ordosica + Ammopiptanthus mongolicus + Periploca sepium*) : 该类型分布于长流水管护区海拔 1300m 的丘陵区上部, 坡面主体为

岩质剥蚀坡面，局部地段受黑沙蒿固沙作用形成小沙包，裸露岩质坡面在岩石裂隙或积沙较薄部位生长有杠柳，沙质坡面主要灌木种类为黑沙蒿，其次为沙冬青。灌木层总盖度20%，黑沙蒿高0.5m，丛径0.8m，盖度15%；沙冬青高0.7m，丛径2.0m，盖度3%；杠柳高1m，盖度2%。草本层种类少，盖度低，种类有雾冰藜、草木犀状黄芪、猪毛菜和绵毛鸦葱（*Scorzonera capito*），总盖度低于2%（彩图3-9）。

②黑沙蒿＋沙冬青-白草群丛（Ass. *Artemisia ordosica* + *Ammopiptanthus mongolicus-Pennisetum centrasiaticum*）：该类型分布于长流水管护区缓坡固定沙地。灌木层总盖度40%~65%，优势种为黑沙蒿和沙冬青，伴生种类有老瓜头。黑沙蒿高0.4m，丛径0.5m，盖度25%~50%；沙冬青高0.6m，丛径1.6m，盖度10%~20%；老瓜头高0.4m，丛径0.3m，盖度3%。草本层总盖度20%~40%，优势种类为白草，高0.4m，盖度10%~20%，其他伴生种类有砂蓝刺头、狗尾草（*Setaria viridis*）、鳍蓟（*Olgaea leucophylla*）、戈壁天门冬（*Asparagus gobicus*）、小苦荬（*Ixeridium chinense*）、猪毛菜、角蒿（*Incarvillea sinensis*）、枝状鸦葱（*Scorzonera divaricata*）等（彩图3-10）。

2）猫头刺荒漠草原（*Oxytropis aciphylla* desert steppe）：

猫头刺-猪毛蒿群丛（Ass. *Oxytropis aciphylla-Artemisia scoparia*）：该类型分布于长流水管护区龙坑风景区内海拔1370m的丘间缓坡地段，土壤为灰钙土。灌木层总盖度8%~10%，主要种类为猫头刺，伴生种类有柠条和沙冬青。猫头刺高0.2m，丛径0.4m，盖度7%；柠条高0.5m，丛径0.4m，盖度2%；沙冬青高0.4m，丛径0.6m，盖度1%。其他种类有老瓜头。草本层盖度7%，主要种类有猪毛蒿和雾冰藜，伴生种类有砂蓝刺头、猪毛菜、沙蓬等。猪毛蒿高0.2m，盖度5%；雾冰藜高0.15m，盖度2%；其他种类盖度在1%以下（彩图3-11）。

（5）旱生杂类草荒漠草原：

尖头叶藜荒漠草原（*Chenopodium acuminatum* desert steppe）：

尖头叶藜群丛（Ass. *Chenopodium acuminatum*）：该类型分布于长流水管护区内烽火台所在低缓丘陵下部平坦地段，海拔约1300m，群落总盖度40%~50%，高0.1m，由单一优势种尖头叶藜（*Chenopodium acuminatum*）组成，群落种偶见栉叶蒿（彩图3-12）。

2.3.2 草原带沙生植被

草原带沙生植被是指草原地带沙地上各种生活型类群的建群种所组成的植物群落综合体。草原带沙生植被由于群落结构简单，演替规律和经营利用方向较为独特和一致，且植物种类具有适沙特性，因此往往被单独划归为一个植被型。草原带沙生植被的植物群落在建群种的组成、群落结构等方面与草原地带性群落不同，但又包含许多草原地带性植物区系成分，具有半地带性特性。

白芨滩国家级自然保护区草原带沙生植被主要分布于保护区中部到南部沙漠区域，这一类植被分布于荒漠草原区范围内，在保护区不仅分布面积较为广阔，是保护区主要的植被类型之一，同时其土壤环境与荒漠草原植被有所不同，在群落组成及结构上也存在较大差异，因此在白芨滩国家级自然保护区植被类型划分中，将沙生植被与草原植被划分为不同的植被型。保护区内沙生植被根据起源可划分为天然沙生植被和人工沙生植被两大类。天然沙生植被的植物群落以半灌木、小半灌木、旱中生杂类草、根茎禾草和旱生杂类草等生活型类群的建群种为主组成，其中以黑沙蒿为建群种的半灌木群落占主导地位，其他类型分布面积较小。人工沙生植被主要分布于长流水管护区、大泉管护区、白芨滩管护区等流动沙地，由人工草方格固沙和播种、撒种、植苗等途径培育形成。人工沙生植被在营造后封育 8 年以上，通过植被的固沙作用，除较为高大的起伏沙丘顶部沙层尚处于活化状态外，沙丘下部及丘间沙地可逐步固定下来，地表局部出现黑色结痂，10 余年后大部分地表结痂，流动沙地转变为固定沙地。人工沙生植被在造林阶段多选用多种灌草植物种类，但在后期生长过程中，由于不同地段沙丘大小与起伏程度引起的水热条件差异，灌草植物种类组成经历 8~10 年淘汰更替往往发生较大程度的改变，群落的建群层优势种或共优种各异，形成斑块状镶嵌分布的不同植物群落类型，群落的外部形态及环境也呈现出天然灌丛的外貌形态。人工沙生植被在白芨滩国家级自然保护区分布面积较大，因此在植被分类中作为一种主要类型予以分类描述。根据《中国植被》中的植被分类体系，将白芨滩国家级自然保护区沙生植被划分为 6 个群系组、11 个群系、31 个群丛类型。

2. 3. 2. 1　天然沙生植被

（1）半灌木沙生植被：

1）黑沙蒿群落（*Artemisia ordosica* community）：

①黑沙蒿-栉叶蒿群丛（Ass. *Artemisia ordosica-Neopallasia pectinata*）：该类型分布于大泉管护区海拔 1260m 的平缓固定沙地。灌木层由单一优势种黑沙蒿组成，黑沙蒿高 0. 4~0. 8m，丛径 0. 8m，盖度 30%~50%；草本层主要种类有角蒿、栉叶蒿、砂蓝刺头、软毛虫实、猪毛菜、雾冰藜，平均高度 0. 3m，总盖度 5%~10%（彩图 3 – 13）。

②黑沙蒿单优群丛（Ass. *Artemisia ordosica*）：该类型分布于大泉管护区海拔 1255m 的丘间固定沙地、长流水管护区海拔 1430m 的丘陵阴坡及海拔 1410m 的丘间平坦固定沙地。在大泉保护区小半灌木层单优种类为黑沙蒿，平均高 0. 4m，灌丛直径 0. 5m，盖度 60%，伴生有老瓜头，高 0. 4m，灌丛直径 0. 5m，盖度 2%；草本层总盖度 2%，主要种类有猪毛菜和砂蓝刺头，偶见甘草和硬质早熟禾。在长流水管护区小半灌木层盖度 40%，单优种黑沙蒿平均高 0. 4m，灌丛直径 0. 8m，盖度 40%，伴生种老瓜头高 0. 5m，灌丛直径 0. 2m，盖度 2%；草本层总盖度 2%，主要种类有猪毛菜、软毛虫实，各主要种类盖度均在 1% 左右（彩图 3 – 14）。

③黑沙蒿-雾冰藜 + 猪毛菜群丛（Ass. *Artemisia ordosica-Bassia dasyphylla* + *Salsola collina*）：该类型分布于长流水管护区海拔 1400m 的固定沙梁下部平地，受干旱及放牧影响，草地植物较为低矮，群落平均高 0. 2m 以下，盖度 40%。建群种为黑沙蒿，高 0. 15m，盖度 10%~15%；次优势种有猪毛菜、雾冰藜，猪毛菜高 0. 1m，盖度 3%，雾冰藜高 0. 05m，盖度 2%；其他种类有短花针茅、软毛虫实、尖头叶藜（彩图 3 – 15）。

④黑沙蒿-冷蒿群丛（Ass. *Artemisia ordosica-Artemisia frigida*）：该类型分布于长流水保护区丘间缓坡沙地，海拔 1244m。小半灌木层单优种类为黑沙蒿，平均高 0. 6m，灌丛直径 0. 7m，盖度 20%。草本层优势种为冷蒿，平均高 0. 4m，盖度 20%~35%。伴生种类有枝状鸦葱、角蒿、乳浆大戟（*Euphorbia esula*）、猪毛蒿、砂蓝刺头、软毛虫实、猪毛菜、冠芒草（*Enneapogon borealis*）等，呈零星分布（彩图 3 – 16）。

⑤黑沙蒿 + 杠柳-栉叶蒿群丛（Ass. *Artemisia ordosica* + *Periploca sepium-Neopallasia pectinata*）：该类型分布于长流水管护区内烽火台所在低缓丘陵上部沙质坡面和个别石质沙丘上部，海拔约1330m。群落总盖度40%，主要灌木种类有小半灌木黑沙蒿和杠柳，偶见种有沙拐枣。黑沙蒿高0.4m，丛径0.3m，盖度10%~20%；杠柳平均高0.5m，盖度10%~25%。草本层盖度5%~30%，植物种类稀少，主要有栉叶蒿、沙蓬和雾冰藜。栉叶蒿高0.3m，盖度15%（彩图3-17）。

⑥黑沙蒿-沙鞭群丛（Ass. *Artemisia ordosica-Psammochloa villosa*）：该类型主要分布于保护区中南部海拔1210m左右的固定、半固定平缓沙地或起伏小沙丘上。灌木层总盖度10%~30%，以黑沙蒿为主，伴生种有花棒和沙木蓼。黑沙蒿成丛分布，丛高0.5m，丛幅直径0.7m，盖度20%；花棒高约0.5m，盖度约10%；沙木蓼高0.8m，丛径0.5m，盖度2%。草本层总盖度20%~30%，优势种为沙鞭（*Psammochloa villosa*），高度0.5~1.5m，盖度20%左右；伴生种类有冷蒿、沙芦草，冷蒿高0.3m，盖度5%，沙芦草高0.7m，盖度4%（彩图3-18）。

⑦黑沙蒿-芦苇群丛（Ass. *Artemisia ordosica-Phragmites australis*）：该类型分布于大泉管护区海拔1200m固定沙地的起伏沙丘下部低地及活化沙丘顶部。灌木层主要种类为黑沙蒿，高0.8m，丛径1.1m，盖度20%；伴生种类有柠条，高1.4m，盖度2%。草本层总盖度5%~10%，主要种类有芦苇和冷蒿。芦苇高1.3m，盖度10%~20%；冷蒿高0.2m，盖度6%；其他种类有沙蓬、猪毛菜（彩图3-19）。

⑧黑沙蒿+柠条群丛（Ass. *Artemisia ordosica* + *Caragana korshinskii*）：该类型分布于大泉管护区海拔1210m固定沙地的起伏沙丘上。灌木层总盖度20%~40%，主要种类为黑沙蒿和柠条。黑沙蒿高0.5m，丛径0.5m，盖度10%~25%；柠条高0.5m，丛径0.3m，盖度5%。草本层种类稀少，主要有沙蓬、猪毛菜（彩图3-20）。

⑨黑沙蒿-砂蓝刺头群丛（Ass. *Artemisia ordosica-Echinops gmelinii*）：该类型分布于大泉管护区海拔1260m的沙梁下部平缓的固定沙地。群落总盖度38%，小半灌木层单一优势种为黑沙蒿，高0.3m，丛径0.4m，盖度35%。草本层植物总盖度5%~12%，主要种类有砂蓝刺头和冷蒿，伴生种类有甘草、猪毛菜和猪毛蒿。砂蓝刺头平均高0.25m，盖度5%~8%；冷蒿平均高0.2m，盖度5%（彩图3-21）。

⑩黑沙蒿+牛枝子-砂蓝刺头群丛（Ass. *Artemisia ordosica* + *Lespedeza potaninii-Echinops gmelinii*）：该类型分布于长流水管护区海拔1370m的沙梁下部平缓的固定沙地。群落总盖度40%，小半灌木层种类有黑沙蒿和牛枝子。黑沙蒿高0.5m，丛径0.6m，盖度20%~30%；牛枝子高0.1m，盖度5%~10%；群落中零星分布有老瓜头、沙冬青和柠条。草本层植物种类较为丰富，总盖度5%~15%，主要种类有砂蓝刺头、草木犀状黄芪和冷蒿，其他伴生种类有甘草、短花针茅、牻牛儿苗（*Erodium stephanianum*）、软毛虫实、雾冰藜、猪毛菜（彩图3-22）。

⑪黑沙蒿-栉叶蒿+沙蓬群丛（Ass. *Artemisia ordosica-Artemisia pectinata* + *Agriophyllum squarrosum*）：该类型主要分布于羊场湾管理站大泉路两侧轻度活化的平缓沙地及小沙丘上，海拔约1200m。灌木层总盖度30%，以黑沙蒿为主，伴生种有沙木蓼。黑沙蒿高0.6m，丛径0.8m，盖度0.2%。草本层总盖度20%~30%，优势种为栉叶蒿，高0.5m，盖度约10%；其次为沙蓬，高0.1~0.2m，盖度约1%（彩图3-23）。

⑫黑沙蒿+草木犀状黄芪群丛（Ass. *Artemisia ordosica* + *Astragalus melilotoides*）：该

类型分布于长流水管护区内丘陵缓坡岩质坡面及沙质坡面。灌木层总盖度 40%~50%，优势种类有黑沙蒿和草木犀状黄芪，伴生种类有老瓜头和沙拐枣。黑沙蒿高 0.5m，丛径 1.0m，盖度 30%，分布于浮沙地表；草木犀状黄芪高 0.6m，丛径 1.1m，盖度 20%，主要分布于岩质坡面裂隙。草本层盖度低于 5%，在沙质坡面主要种类有猪毛菜、雾冰藜、沙蓬和砂蓝刺头，岩质坡面上主要有无芒隐子草、短花针茅和角茴香（*Hypecoum erectum*）（彩图 3 – 24）。

2）杠柳群落（*Periploca sepium* community）：

杠柳 + 黑沙蒿 - 狗尾草群丛（Ass. *Periploca sepium + Artemisia ordosica-Setaria viridis*）：该类型分布于长流水管护区海拔 1350m 的低山丘陵阴坡中下部固定沙地。灌丛总盖度 55%，主要灌木种类有杠柳和黑沙蒿，伴生种类有柠条。杠柳高 1.2m，丛径 0.4m，盖度 20%~24%；黑沙蒿高 0.5m，丛径 0.6m，盖度 10%~18%，柠条高 1.3m，盖度 2%。草本层总盖度 8%，种类有狗尾草、砂蓝刺头、猪毛菜、阿尔泰狗娃花（*Heteropappus altaicus*）、雾冰藜和角蒿。狗尾草高 0.5m，盖度 4%；砂蓝刺头高 0.2m，盖度 2%；其他种类盖度 2%（彩图 3 – 25）。

（2）旱中生杂类草沙生植被：

苦豆子群落（*Sophora alopecuroides* community）：

苦豆子群丛（Ass. *Sophora alopecuroides*）：该类型分布于长流水管护区内平缓的固定沙地及小沙丘上，海拔 1320m，群落总盖度 40%~60%，平均高 0.3~0.4m，主要植物种类有苦豆子、苦马豆（*Swainsonia salsula*）、猪毛菜、披针叶黄华（*Thermopsis lanceolata*）和狗尾草，伴生种类有骆驼蓬（*Peganum harmala*）、砂蓝刺头、沙芦草、雾冰藜、黄花蒿（*Artemisia annua*）、糜蒿（*Artemisia blepharolepis*）、尖头叶藜等。苦豆子平均高 0.6m，盖度 40%；苦马豆平均高 0.4m，盖度 8%；其他种类盖度在 3% 以下。局部地段分布有小半灌木黑沙蒿（彩图 3 – 26）。

（3）根茎禾草沙生植被：

1）白草群落（*Pennisetum centrasiaticum* community）：

白草 + 甘草群丛（Ass. *Pennisetum centrasiaticum + Glycyrrhiza uralensis*）：该类型分布于保护区中部海拔 1237m 的平缓固定沙地，草本层总盖度 40%，优势种类有白草和甘草。白草高 0.3m，盖度 5%~14%；甘草高 0.4m，盖度 10%~20%。偶见种有芦苇、砂蓝刺头和灌木植物种类柠条（彩图 3 – 27）。

2）沙鞭群落（*Psammochloa villosa* community）：

沙鞭 + 栉叶蒿群丛（Ass. *Psammochloa villosa + Artemisia pectinata*）：该类型位于羊场湾管理站大泉路两侧轻度活化的平缓沙地及小沙丘上，草本层高度 0.4m，总盖度 20%~50%，主要种类有沙鞭和栉叶蒿。沙鞭高约 0.4m，盖度 20%~30%；栉叶蒿高 0.15m，盖度 10%。群落种偶见灌木植物种类花棒，高约 0.6m，丛径 0.5m，盖度 10%。

（4）一年生草本沙生植被：

沙蓬群落（*Agriophyllum squarrosum* community）：

沙蓬群丛（Ass. *Agriophyllum squarrosum*）：该类型分布于长流水管护区龙坑风景区内海拔 1440m 的高大活化沙丘北坡中部，呈斑块状，面积较小，为原有山坡地风蚀或积沙程度较轻地段黑沙蒿群落死亡消失后，由一年生沙生植物沙蓬为优势种所形成的群落。沙蓬高 0.03~0.1m，盖度 2%~4%，群落中偶见小半灌木黑沙蒿及沙芦草(彩图 3-28)。

2.3.2.2　人工沙生植被

(1)灌木沙生植被：

1)柠条群落(*Caragana korshinskii* community)：

①柠条单优群丛(Ass. *Caragana korshinskii*)：该类型分布于长流水管护区海拔 1320m 的低矮沙丘或平缓沙地，早期为流动沙漠，植被缺乏，经人工草方格固沙、点播及植苗造林 10 年后形成。灌木层水平分布疏密不均，低洼平缓地段及沙丘下部盖度较高，沙丘上部盖度较低，总盖度在 30%~70% 变动，灌木层高度 1.2~1.8m。主要灌木种类柠条高 1.2~1.8m，灌丛直径 1.3~1.5m。灌木层其他种类有沙拐枣和小半灌木黑沙蒿，分布不均。沙拐枣平均高 1.3m，灌丛直径 1.1m，盖度在 5%~20%；黑沙蒿多分布于沙丘底部下部，高 0.6m，盖度 1%~5%。草本层不发达，零星分布，总盖度 1%~10%，植物种类较单调，有猪毛菜、雾冰藜、沙蓬和糜蒿。沙蓬高 20cm，盖度 10%；猪毛菜高 10cm，盖度小于 5%；糜蒿高 4cm，盖度 1%(彩图 3-29)。

②柠条+花棒-沙鞭群丛(Ass. *Caragana korshinskii + Hedysarum scoparium-Psammochloa villosa*)：该类型分布于长流水管护区西山坡，为流动沙丘草方格固定后点播及植苗造林 10 余年后形成的人工灌丛，群落总盖度 20%~60%。灌木层优势种为柠条，次优势种为花棒，其他灌木种类有沙拐枣、黑沙蒿和杨柴。柠条高 1.8m，丛径 1.2m，盖度 10%~60%；花棒高 1.8m，丛径 1.4m，盖度 5%~20%；黑沙蒿高 0.5m，丛径 0.7m，盖度 1%~6%。草本层总盖度 30%，优势种类为沙鞭，高 0.6m，盖度 3%~20%，其他种类有砂蓝刺头、猪毛菜、糙隐子草。

③柠条-冷蒿+芦苇群丛(Ass. *Caragana korshinskii-Artemisia frigid + Phragmites australis*)：该类型分布于大泉管护区 1210m 的起伏沙地，为 2012 年通过流动沙丘草方格固定后点播及植苗造林后形成的人工灌丛。灌木层优势种为柠条，高 0.6m，丛径 0.4m，盖度 5%；伴生种类有沙拐枣，高 0.3m，丛径 0.2m，盖度 1%。草本层总盖度 10%~15%，主要种类有冷蒿和芦苇，其他种类有软毛虫实、沙蓬。冷蒿高 0.3m，盖度 12%；芦苇高 0.8m，盖度 5%~20%(彩图 3-30)。

④柠条+花棒群丛(Ass. *Caragana korshinskii + Hedysarum scoparium*)：该类型分布于大泉管护区内道路两侧海拔 1210m 的沙地，为通过草方格固沙和人工造林所形成的灌丛。灌木优势种为柠条和花棒，其他种类有沙拐枣和黑沙蒿。柠条高 2.0m，丛径 2.3m，盖度 20%；花棒高 1.8m，丛径 1.5m，盖度 10%；沙拐枣高 1.0m，丛径 0.8m，盖度 5%；黑沙蒿高 0.5m，丛径 0.6m，盖度 4%。草本层总盖度 20%，优势种为冷蒿，高 0.2m，盖度 5%，其他种类有砂蓝刺头、沙蓬、雾冰藜和叉枝鸦葱(彩图 3-31)。

⑤柠条+沙拐枣群丛(Ass. *Caragana korshinskii + Calligonum arborescens*)：该类型分布于大泉管护区及长流水管护区内海拔 1200m 的平缓沙丘地和沙垄间低地，属人工植被，由 2013 年草方格固沙、人工播种结合植苗造林后所形成的灌丛类型，群落总盖度 20%。灌木优势种为柠条，高 0.7m，丛径 0.6m，盖度 13%；其他种类有沙拐枣，高 0.8m，丛径 0.4m，盖度 6%。草本层总盖度在 20%~40%，主要种类有沙蓬、冷蒿和

软毛虫实，其他种类有芦苇。沙蓬高 0.3m，盖度 10%～20%；冷蒿高 0.4m，盖度 10%～15%；软毛虫实高 0.1m，盖度 4%（彩图 3-32）。

⑥柠条 + 黑沙蒿群丛(Ass. *Caragana korshinskii* + *Artemisia ordosica*)：该类型分布于羊场湾管护区内海拔 1200m 左右的起伏沙丘地，为 2007 年人工播种结合植苗造林后所形成的灌木林。群落总盖度 50%，主要灌木种类有柠条和黑沙蒿，其他种类有花棒。柠条高 1.5m，丛径 1.3m，盖度 5%～15%；黑沙蒿高 0.6m，丛径 0.5m，盖度 4.18%；花棒高 2.1m，丛径 2.3m，盖度 6%。草本层盖度在 10%～30%，主要种类为冷蒿，平均高 0.2m，盖度 6%～20%；其他种类有沙蓬、三芒草(*Aristida adscensionis*)、砂蓝刺头，盖度均小于 5%（彩图 3-33）。

2)花棒群落(*Hedysarum scoparium* community)：

①花棒 + 柠条 + 沙拐枣群丛(Ass. *Hedysarum scoparium* + *Caragana korshinskii* + *Calligonum mongolicum*)：该类型分布于大泉及长流水治沙区海拔 1230m 的流动沙丘地，为 2009 年草方格固沙造林后形成。灌木层总盖度 35%，主要种类有花棒、柠条和沙拐枣。花棒高 1.5m，丛径 1.4m，盖度 10%；柠条高 1.4m，丛径 0.8m，盖度 14%；沙拐枣高 0.7m，丛径 0.4m，盖度 9%。草本层盖度低于 3%，主要种类有冷蒿和沙蓬。冷蒿高 0.2m，盖度 2%；沙蓬高 0.2m，盖度 1%（彩图 3-34）。

②花棒 + 沙拐枣-冷蒿群丛(Ass. *Hedysarum scoparium* + *Calligonum mongolicum-Artemisia frigid*)：该类型分布于大泉及长流水治沙区流动沙丘经草方格固沙与人工造林治理后 10 余年所形成的固定沙地。灌木层总盖度 35%，主要种类有花棒和沙拐枣，其他种类有柠条和黑沙蒿。花棒高 1.4m，丛径 1.0m，盖度 13%；沙拐枣高 1.5m，丛径 1.3m，盖度 9%；柠条高 1.5m，丛径 0.5m，盖度 1%；黑沙蒿高 0.5m，丛径 1.0m，盖度 1%。草本层盖度 3%～14%，优势种为冷蒿，高 0.3m，盖度 2%～13%；其他种类有软毛虫实和沙蓬，盖度 2%（彩图 3-35）。

③花棒 + 柠条-冷蒿群丛(Ass. *Hedysarum scoparium* + *Caragana korshinskii-Artemisia frigid*)：该类型分布于羊场湾管护区内海拔 1190m 的平缓沙丘地和沙垄间低地，属人工植被，由 10 余年前经草方格固沙、人工播种结合植苗造林后所形成的灌木林，群落总盖度 50%。主要灌木种类有花棒和柠条，花棒高 1.5m，丛径 2m，盖度 35%，柠条高 1.5m，丛径 1.7m，盖度 11%；其他种类有沙木蓼(*Atraphaxis frutescens*)、沙拐枣和黑沙蒿，盖度均小于 3%。草本层盖度在 5%～16%，主要种类有冷蒿和芦苇，伴生种类有砂蓝刺头。冷蒿平均高 0.2m，盖度 10%；芦苇高 0.6m，盖度 4%；砂蓝刺头高 0.2m，盖度 1%（彩图 3-36）。

④花棒 + 黑沙蒿群丛(Ass. *Hedysarum scoparium* + *Artemisia ordosica*)：该类型分布于大泉管护区内海拔 1190m 左右的低矮起伏固定沙丘地及新治理的流动沙地。固定沙丘地为 10 余年前草方格固沙及人工造林后所形成的灌木林。灌木层总盖度 35%，优势种为花棒，平均高 2.6m，丛径 3.5m，盖度 30%。其他种类有黑沙蒿、柠条，黑沙蒿高 0.5m，丛径 1m，盖度 5%；柠条高 1.5m，丛径 1m，盖度 3%。草本层总盖度 10%，主要种类有栉叶蒿、猪毛菜、冷蒿和砂蓝刺头，伴生种类有山苦荬。栉叶蒿高 0.05m，盖度 6%；猪毛菜高 0.05m，盖度 3%。新治理的流动沙地(时间短于 6 年)群落灌木层总盖度 25%，小于早期治理的固定沙地，主要灌木种类为花棒和黑沙蒿。花棒高

1.5m，丛径0.8m，盖度17%；黑沙蒿高0.6m，丛径0.5m，盖度6%。伴生种类有杨柴(*Hedysarum mongolicum*)，高1.3m，丛径1.2m，盖度3%。草本层盖度2%，种类有栉叶蒿(彩图3-37)。

3)沙拐枣群落(*Calligonum mongolicum* community)：

①沙拐枣单优群丛(Ass. *Calligonum mongolicum*)：该类型分布于大泉及长流水管护区海拔1190~1350m的流动沙丘，由于造林时期不同，群落结构外貌、组成及盖度各不相同。在大泉管护区，该类型分布于海拔1190m左右的低矮起伏固定沙丘地，为10余年前草方格固沙及人工造林后所形成的灌木林，灌木层由单一优势种沙拐枣构成，沙拐枣高1.2m，丛径1.3m，盖度40%。草本层总盖度5%~10%，主要种类有冷蒿和沙鞭。冷蒿高0.2m，盖度5%~8%；沙鞭高1.4m，盖度3%。在长流水管护区，该类型分布于海拔1350m的流动沙丘，为2013年草方格固沙造林后形成的人工灌丛，灌丛总盖度10%，沙拐枣高1m，丛径0.5m，盖度10%，在沙丘底部低洼地段有零星黑沙蒿出现。草本层种类稀少，盖度低于5%，主要种类有沙蓬(彩图3-38)。

②沙拐枣+沙木蓼-芦苇群丛(Ass. *Calligonum mongolicum + Atraphaxis frutescens-Phragmites australis*)：该类型分布于大泉管护区内博物馆周边海拔1190m的起伏沙地，为早期人工草方格固沙造林形成。灌木层总盖度40%~50%，分为两层，上层主要种类有沙拐枣、沙木蓼和花棒，下层为黑沙蒿。沙拐枣高1.1m，丛径1.0m，盖度15%；沙木蓼高1.4m，丛径1.2m，盖度12%；花棒高1.0m，丛径0.4m，盖度5%；黑沙蒿高0.6m，丛径0.6m，盖度15%。草本层总盖度10%~30%，主要种类有芦苇和冷蒿。芦苇高1.0m，盖度12%，冷蒿高0.25m，盖度10%；其他种类有沙鞭、猪毛菜、沙蓬、雾冰藜(彩图3-39)。

4)毛柳群落(*Salix wilhelmsiana* community)：

毛柳+黑沙蒿群丛(Ass. *Salix wilhelmsiana + Artemisia ordosica*)：该类型分布于白芨滩管护区，为20世纪50年代人工固沙造林后形成的灌丛类型，群落总盖度60%，主要灌木种类有毛柳(*Salix wilhelmsiana*)、黑沙蒿、花棒和沙柳(*Salix psammophila*)。毛柳高1.6m，丛径1.3m，盖度30%；黑沙蒿高0.5m，丛径0.5m，盖度22%；花棒高1.1m，丛径0.4m，盖度16%；沙柳高2.0m，丛径1.6m，盖度14%。草本层植物种类稀少，主要植物种类有苦马豆、短花针茅、鹅绒藤(*Cynanchum chinense*)，总盖度2%~5%(彩图3-40)。

(2)半灌木沙生植被：

黑沙蒿群落(*Artemisia ordosica* community)：

黑沙蒿+花棒群丛(Ass. *Artemisia ordosica + Hedysarum scoparium*)：该类型分布于白芨滩管护区和大泉管护区。在白芨滩管护区内该群落类型为20世纪50年代人工固沙造林后形成的灌丛类型，群落总盖度50%，主要灌木种类有黑沙蒿和花棒，局部地段分布有沙柳。黑沙蒿高0.7m，丛径0.6m，盖度35%；花棒高0.8m，丛径0.5m，盖度15%。草本层植物种类单调，主要植物种类有苦马豆、短花针茅，总盖度4%。在大泉管护区该群落类型分布于治沙区1350m的流动沙地，为人工草方格固沙造林10年左右的人工灌丛。灌木层总盖度40%~50%，优势种为黑沙蒿，高0.65m，丛径1.0m，盖度35%；其他种类有花棒和沙拐枣，花棒高0.8m，丛径0.6m，盖度4%，沙拐枣高

2.0m，丛径1.8m，盖度2%。草本层主要植物种类有沙蓬、猪毛菜和雾冰藜，偶见叉枝鸦葱和芦苇(彩图3-41)。

2.3.3 荒漠植被

荒漠植被是由强旱生或超旱生的小乔木、灌木、小灌木、小半灌木或肉质植物组成的稀疏植被类型。通常情况下，荒漠植被多以1~2种优势植物为建群种，间隔散布形成疏散群落，因此具有植被稀疏、大部分地面裸露的典型特点，但在局部地段，荒漠植被也会因草原植物种类的加入，种类增多，盖度有所增大。

荒漠植被根据气候条件差异可划分为热带-亚热带荒漠，暖温带-温带荒漠，极地-高寒荒漠3种类型，我国除青藏高原和帕米尔高原等局部地段分布有高寒荒漠之外，其余荒漠都分布于西北干旱地区，属于温带荒漠。温带荒漠在植物区系构成上，以地中海、西亚及中亚成分为主，如柽柳科、蓼科、藜科等植物。白芨滩国家级自然保护区荒漠植被分布于保护区北部低山丘陵地带，包括石质的低山丘陵、山麓洪积扇和干河滩，年降水量在200mm左右，土壤以淡灰钙土为主，土层薄、质地粗、干燥裸露，多风沙，蒸发强烈，地表多砾石或碎石，因此植被十分稀疏或为不毛之地。在地理位置上，白芨滩荒漠植被处于东部、东南部荒漠草原向西部、西北部荒漠植被过渡地带。主要植被类型以猫头刺、刺旋花、珍珠猪毛菜等优势种所形成的小灌木、小半灌木荒漠为主，其次为沙冬青、霸王及其他草本植物形成的灌木荒漠和杂类草荒漠。根据《中国植被》中的植被分类体系，将白芨滩国家级自然保护区荒漠植被划分为2个植被亚型、4个群系组、8个群系、18个群丛类型，各主要荒漠植被类型描述如下。

2.3.3.1 超旱生小灌木、小半灌木荒漠

(1)超旱生小灌木荒漠：

1)猫头刺荒漠(*Oxytropis aciphylla* desert)：

①猫头刺+霸王群丛(Ass. *Oxytropis aciphylla* + *Sarcozygium xanthoxylon*)：该类型分布于保护区中部狼永公路两侧山地，海拔1410m。灌木层总盖度30%，主要种类为猫头刺，伴生种类有霸王和沙冬青。猫头刺平均高0.2m，丛径0.4m，盖度25%；霸王平均高0.4m，丛径0.3m，盖度3%；沙冬青高0.3m，丛径0.2m，盖度2%。草本层总盖度4%，主要植物种类有细弱隐子草、硬质早熟禾(彩图3-42)。

②猫头刺+阿拉善锦鸡儿群丛(Ass. *Oxytropis aciphylla* + *Caragana przewalskii*)：该类型分布于长流水管护区内丘陵区阳坡地段，海拔1420m。灌木层总盖度25%~45%，主要种类有猫头刺和阿拉善锦鸡儿(*Caragana przewalskii*)，伴生种类有霸王(*Sarcozygium xanthoxylon*)、沙冬青、黑沙蒿。猫头刺平均高0.2m，丛径0.4m，盖度25%；阿拉善锦鸡儿平均高0.4m，丛径0.4m，盖度10%；霸王平均高0.6m，丛径0.4m，盖度2%；其他灌木种类盖度小于2%。草本层总盖度10%，主要植物种类有短花针茅、硬质早熟禾、冠芒草、砂蓝刺头(彩图3-43)。

③猫头刺+木本猪毛菜-短花针茅群丛(Ass. *Oxytropis aciphylla* + *Salsola arbuscula*-*Stipa breviflora*)：该类型位于长流水管护区内狼永公路两侧海拔1380m的丘陵区的阴坡石质坡面。群落盖度45%，灌木种类主要有猫头刺、木本猪毛菜(*Salsola arbuscula*)，伴生种类有灰叶铁线莲(*Clematis tomentella*)。猫头刺平均高0.25m，丛径0.7m，盖度

15%~30%；木本猪毛菜平均高0.6m，<u>丛径</u>0.5m，盖度4.12%；灰叶铁线莲平均高0.5m，<u>丛径</u>0.4m，盖度小于3%。草本层盖度10%~30%，主要种类有短花针茅、硬质早熟禾、冷蒿，伴生种类有沙生大戟、戈壁天门冬(*Asparagus gobicus*)。短花针茅高0.5m，盖度10%~20%；硬质早熟禾高0.6m，盖度4%(彩图3-44)。

④猫头刺+木本猪毛菜群丛(Ass. *Oxytropis aciphylla + Salsola arbuscula*)：该类型分布于长流水管护区内丘陵区阳坡地段，海拔1310m。灌木层总盖度45%，主要种类有猫头刺、木本猪毛菜，伴生种类有沙冬青、黑沙蒿、蒙古莸(*Caryopteris mongholica*)和白刺(*Nitraria tangutorum*)。猫头刺平均高0.2m，<u>丛径</u>0.4m，盖度20%~35%；木本猪毛菜平均高0.4m，<u>丛径</u>0.3m，盖度10%。草本层总盖度20%，主要植物种类有短花针茅、硬质早熟禾、冠芒草、砂蓝刺头、冷蒿。短花针茅高0.2m，盖度15%；硬质早熟禾高0.25m，盖度10%(彩图3-45)。

2)川藏锦鸡儿荒漠(*Caragana tibetica* desert)：

①川藏锦鸡儿-短花针茅群丛(Ass. *Caragana tibetica-Stipa breviflora*)：该类型分布于羊场湾管护区范围内固定沙丘地。灌木层总盖度约18%，优势种为川藏锦鸡儿，其他种类有银灰旋花、木本猪毛菜和阿拉善锦鸡儿，偶见种有绵刺(*Potaninia mongolica*)。川藏锦鸡儿高0.2m，<u>丛径</u>0.5m，盖度20%；银灰旋花高0.1m，<u>丛径</u>0.1m，盖度2%；木本猪毛菜高0.4m，<u>丛径</u>0.5m，盖度1%；阿拉善锦鸡儿高0.1m，<u>丛径</u>0.2m，盖度1%。草本层盖度约10%，主要种类有短花针茅和长茅草，偶见种类有阿魏(*Ferula sinkiangensis*)。短花针茅高0.1m，盖度7%；长芒草高0.1m，盖度3%(彩图3-46)。

②川藏锦鸡儿+阿拉善锦鸡儿+木本猪毛菜群<u>丛</u>(Ass. *Caragana tibetica + Caragana przewalskii + Salsola arbuscula*)：该类型位于长流水管护区内海拔1460m的丘陵区含砾石的沙质坡面。灌木层总盖度60%，优势种为川藏锦鸡儿，次优势种有阿拉善锦鸡儿和木本猪毛菜，其他种类有霸王和黑沙蒿。川藏锦鸡儿高0.2m，<u>丛径</u>0.8m，盖度30%~40%；木本猪毛菜高0.4m，丛径0.4m，盖度12%；阿拉善锦鸡儿高0.2m，<u>丛径</u>0.5m，盖度约20%。草本层种类稀少，总盖度小于6%，主要种类有短花针茅、软毛虫实，高度小于0.05m(彩图3-47)。

③川藏锦鸡儿+霸王群丛(Ass. *Caragana tibetica + Sarcozygium xanthoxylon*)：该类型分布于长流水管护区内龙坑景区海拔1460m的丘陵顶部平缓地段。灌木层总盖度55%，优势种为川藏锦鸡儿，其次为霸王，伴生种类有刺旋花、木本猪毛菜和沙冬青。川藏锦鸡儿高0.2m，<u>丛径</u>0.7m，盖度38%；霸王高0.4m，<u>丛径</u>0.5m，盖度13%；刺旋花高0.1m，<u>丛径</u>0.15m，盖度3%；木本猪毛菜高0.5m，<u>丛径</u>0.4m，盖度2%；沙冬青高0.4m，<u>丛径</u>0.5m，盖度2%。草本层总盖度4%，优势种为短花针茅，高0.1m，盖度2%，其他种类有银灰旋花、蚓果芥(*Torularia humilis*)、冷蒿和二色棘豆(*Oxytropis bicolor*)，各自盖度1%(彩图3-48)。

④川藏锦鸡儿+红砂+霸王群丛(Ass. *Caragana tibetica + Reaumuria songarica + Sarcozygium xanthoxylon*)：该类型分布于长流水管护区内龙坑景区海拔1450m的丘陵区半阳坡。灌木层总盖度45%，优势种为川藏锦鸡儿，其他种类有红砂、霸王、木本猪毛菜和沙冬青。川藏锦鸡儿高0.2m，<u>丛径</u>0.6m，盖度25%；红砂高0.4m，<u>丛径</u>0.6m，盖度15%；霸王高0.5m，<u>丛径</u>0.5m，盖度8%；沙冬青高0.55m，<u>丛径</u>1.1m，盖度

5%。草本层总盖度 3%~13%，常见种类有短花针茅、猪毛蒿，伴生种类有糙隐子草、戈壁天门冬。短花针茅高 0.5m，盖度 3%；猪毛蒿高 0.05m，盖度 2%（彩图 3-49）。

3）阿拉善锦鸡儿荒漠（*Caragana przewalskii* desert）：

阿拉善锦鸡儿 + 沙冬青 + 牛枝子-硬质早熟禾群丛（Ass. *Caragana przewalskii* + *Ammopiptanthus mongolicus* + *Lespedeza potaninii-Poa sphondylodes*）：该类型分布于长流水管护区内狼永公路两侧海拔 1380m 的低山丘陵区阳坡砾石质坡面。群落盖度 35%，灌木种类较为丰富，有阿拉善锦鸡儿、沙冬青、灰叶铁线莲、牛枝子、霸王、白刺、木本猪毛菜和黑沙蒿。阿拉善锦鸡儿平均高 0.25m，丛径 0.2m，盖度 10%~20%；沙冬青平均高 0.5m，丛径 0.6m，盖度 10%；牛枝子高 0.3m，盖度 58%；木本猪毛菜平均高 0.5m，丛径 0.5m，盖度 5%。草本层总盖度 20%，主要种类有硬质早熟禾、阿尔泰狗娃花、角蒿、冷蒿、牦牛儿苗、戈壁天门冬等。硬质早熟禾高 0.6m，盖度 5%~10%，其他草本植物盖度低于 2%（彩图 3-50）。

（2）超旱生小半灌木荒漠：

1）珍珠猪毛菜荒漠（*Salsola passerina* desert）：

①珍珠猪毛菜群丛（Ass. *Salsola passerina*）：该类型分布于马鞍山管护区海拔 1250m 的低山丘陵及剥蚀平地，土壤为坡积砾石质灰钙土。小半灌木层总盖度 25%~30%，优势种为珍珠猪毛菜，伴生种有红砂。珍珠猪毛菜高 0.2m，丛径 0.25m，盖度 22%~28%；红砂高 0.4m，丛径 0.5m，盖度 2%。草本层总盖度 4%，植物种类稀少，主要有短花针茅、糙隐子草，偶见沙葱（*Allium mongolicum*）。短花针茅高 0.1m，盖度 3%；糙隐子草高 0.05m，盖度 1%（彩图 3-51）。

②珍珠猪毛菜 + 红砂荒漠群丛（Ass. *Salsola passerina* + *Reaumuria songarica*）：该类型分布于马鞍山管护区海拔 1250m 的低山丘陵下部阳坡缓坡区域，土壤为砾石质灰钙土。小半灌木层总盖度 32%，由珍珠猪毛菜和红砂组成。珍珠猪毛菜高 0.3m，丛径 0.5m，盖度 25%；红砂高 0.4m，丛径 0.4m，盖度 7%。草本层总盖度 2%，由单一优势种短花针茅组成，短花针茅高 0.05m，盖度 2%（彩图 3-52）。

2）红砂荒漠（*Reaumuria songarica* desert）：

红砂群丛（Ass. *Reaumuria songnarica*）：该类型分布于马鞍山管护区海拔 1388m 的丘陵顶部及海拔 1290m 的丘间平地，土壤为砾石质灰钙土。丘陵顶部小半灌木层总盖度 24%，由单一优势种红砂组成，偶见绵刺，红砂高 0.4m，丛径 0.4m，盖度 24%；草本层总盖度 3%，单一优势种短花针茅高 0.05m，盖度 3%。丘间平地小半灌木层总盖度 8%，由单一优势种红砂组成，红砂高 0.3m，丛径 0.2m，盖度 8%；草本层总盖度 2%，优势种短花针茅高 0.05m，盖度 2%，偶见猪毛菜（彩图 3-53）。

3）刺旋花荒漠（*Convolvulus tragacanthoides* desert）：

①刺旋花 + 木本猪毛菜-硬质早熟禾群丛（Ass. *Convolvulus tragacanthoides* + *Salsola arbuscula-Poa sphondylodes*）：该类型分布于保护区中部狼永公路两侧海拔 1340m 的山地陡坡中部及上部，土壤为含有砾石的灰钙土。灌木层总盖度 35%，主要植物种类有刺旋花、木本猪毛菜和沙冬青。刺旋花高 0.15m，丛径 0.2m，盖度 25%；木本猪毛菜高 0.4m，丛径 0.6m，盖度 6%；沙冬青高 0.35m，丛径 0.8m，盖度 3%。其他种类有霸王、牛枝子。草本层总盖度 20%，主要种类为硬质早熟禾和短花针茅。硬质早熟禾高

0.25m，盖度15%；短花针茅高0.2m，盖度5%（彩图3－54）。

②刺旋花＋沙冬青-短花针茅群丛(Ass. *Convolvulus tragacanthoides + Ammopiptanthus mongolicus-Stipa breviflora*)：该类型分布于长流水管护区内龙坑景区海拔1440m的丘陵区阳坡砾石质坡面。灌木层总盖度20%，优势种为刺旋花，其他种类有沙冬青和川藏锦鸡儿。刺旋花高0.05m，丛径0.1m，盖度8%；沙冬青高0.3m，丛径0.4m，盖度4%；川藏锦鸡儿高0.2m，丛径0.3m，盖度2%。草本层总盖度8%，主要种类有短花针茅和针枝芸香(*Haplophyllum tragacanthoides*)。短花针茅高0.2m，盖度5%；针枝芸香高0.1m，盖度2%（彩图3－55）。

2.3.3.2 超旱生灌木荒漠

（1）落叶灌木荒漠：

霸王荒漠(*Sarcozygium xanthoxylon* desert)：

霸王＋沙冬青＋猫头刺－短花针茅群丛(Ass. *Sarcozygium xanthoxylon + Ammopiptanthus mongolicus + Oxytropis aciphylla-Stipa breviflora*)：该类型分布于长流水管护区内龙坑景区海拔1440m的丘陵区阴坡灰漠土坡面。灌木层总盖度35%，主要种类有霸王、沙冬青、川藏锦鸡儿，其他种类有木本猪毛菜和刺旋花。霸王高0.6m，丛径0.5m，盖度13%；沙冬青高0.5m，丛径0.6m，盖度11%；川藏锦鸡儿高0.2m，丛径0.3m，盖度8%；刺旋花高0.1m，丛径0.1m，盖度3%。草本层总盖度8%，主要种类有短花针茅、猪毛蒿和针枝芸香。短花针茅高0.3m，盖度5%；猪毛蒿高0.15m，盖度2%；针枝芸香高0.1m，盖度1%（彩图3－56）。

（2）常绿灌木荒漠：

沙冬青荒漠(*Ammopiptanthus mongolicus* desert)：

①沙冬青＋柠条＋猫头刺群丛(Ass. *Ammopiptanthus mongolicus + Caragana korshinskii + Oxytropis aciphylla*)：该类型位于长流水管护区内海拔1440m的高大沙丘上部，该类型与柠条＋沙冬青－猫头刺小灌木荒漠分布生境相同，仅在灌木层优势种组成上沙冬青取代柠条作为最主要的优势种。灌木层总盖度50%，优势种类有沙冬青、柠条、猫头刺和川藏锦鸡儿。沙冬青高约0.7m，丛径1.5m，盖度20%~30%；柠条高约1.6m，丛径1.8m，盖度8%；猫头刺及川藏锦鸡儿高0.2m，丛径0.5m，盖度5%~12%。其他灌木种类有黑沙蒿和老瓜头。草本层总盖度13%，主要种类有软毛虫实、猪毛菜、砂蓝刺头、雾冰藜、黄花蒿(*Artemisia annua*)和短花针茅，偶见种类有甘草、角蒿、地锦、沙生大戟。

该类型在高固定沙丘上部呈斑块状分布，沙丘顶端受风沙及放牧干扰，多活化，风蚀较严重，导致沙丘上部坡面局部受风蚀和积沙影响而凹凸不平，形成新的沙源并向外扩展。坡面风蚀积沙区柠条种群数量扩张，原来未活化坡面受风沙侵蚀而逐渐减少，其地表分布的灌木种类沙冬青或猫头刺数量也相应减少（彩图3－57）。

②沙冬青＋黑沙蒿＋猫头刺群丛(Ass. *Ammopiptanthus mongolicus + Artemisia ordosica + Oxytropis aciphylla*)：该类型分布于长流水管护区内海拔1350m的丘陵区阳坡。灌木层总盖度40%，优势种有沙冬青、黑沙蒿和猫头刺，伴生种类有沙木蓼和蒙古莸。沙冬青高0.4m，丛径1.2m，盖度25%；黑沙蒿高0.3m，丛径0.4m，盖度8%；猫头刺高0.2m，丛径0.5m，盖度5%。草本层种类稀少，盖度10%~15%，主要种类有软毛虫

实、猪毛菜，偶见脓疮草(*Panzeria alashanica*)(彩图 3 - 58)。

③沙冬青 + 猫头刺群丛(Ass. *Ammopiptanthus mongolicus + Oxytropis aciphylla*)：该类型分布于长流水管护区内龙坑景区海拔 1440m 的丘陵区上部。灌木层总盖度 35% ~ 40%，优势种为沙冬青，次优势种为猫头刺，其他种类有黑沙蒿、柠条和老瓜头。沙冬青高 0.7m，丛径 1.6m，盖度 25%；猫头刺高 0.1m，丛径 0.4m，盖度 15%；黑沙蒿高 0.3m，丛径 0.4m，盖度 5%；柠条高 0.6m，丛径 0.5m，盖度 2%。草本层总盖度 4%，主要种类有短花针茅、猪毛蒿、软毛虫实、鳍蓟(*Olgaea leucophylla*)、猪毛菜和砂蓝刺头，各种类盖度均在 1% 或以下(彩图 3 - 59)。

2.3.4　草甸植被

草甸植被是以中生多年生草本植物为主的植物群落类型，分布于水分条件较为适中的环境条件下，主要分布于平原地区的河漫滩和低洼地，也可以分布在山地沟谷低洼地段。白芨滩国家级自然保护区内草甸植被主要分布于山地沟谷地段，面积很小，土壤含盐量较高，形成低地盐生草甸类型。根据《中国植被》中的植被分类体系，白芨滩国家级自然保护区草甸植被划分为 1 个植被亚型、1 个群系组、1 个群系、1 个群丛类型。

高丛生禾草草甸：

芨芨草草甸(*Achnatherum splendens* meadow)：

芨芨草群丛(Ass. *Achnatherum splendens*)：该类型分布于长流水管护区海拔 1320m 的狼永公路两侧低山沟谷底部水分条件较好的平缓地段，土壤为灰钙土，土层较厚。优势种类为芨芨草(*Achnatherum splendens*)，高 1.8m，丛径 1.3m，盖度 50%，伴生种类有黄花蒿、角蒿，周边偶见灌木种类沙木蓼和枸杞(*Fructus lycii*)(彩图 3 - 60)。

2.3.5　沼泽和水生植被

沼泽和水生植被型组分为沼泽植被和水生植被 2 个植被型，在白芨滩国家级自然保护区仅分布有沼泽植被。沼泽植被属于隐域植被，主要分布于土壤潮湿并有泥炭层的土壤生境中，植物群落主要由草本植物组成，通常组成种类较为简单，但生长茂密。沼泽植被主要的植物种类有芦苇、狭叶香蒲和扁秆藨草等。沼泽植被在宁夏各地均有分布，在白芨滩国家级自然保护区内主要分布于长流水风景区聚水处的沟谷两侧、甜水河河滩等区域。根据《中国植被》中的植被分类体系，白芨滩国家级自然保护区沼泽植被划分为 1 个植被亚型、3 个群系组、3 个群系、3 个群丛类型，各主要沼泽植被类型描述如下。

(1)杂类草沼泽：

狭叶香蒲沼泽(*Typha angustifolia* swamp)：

狭叶香蒲群丛(Ass. *Typha angustifolia*)：该类型分布于长流水风景区内聚水的小水库两侧湿润地段，面积小，由狭叶香蒲组成单优群落，高 2.0m，盖度 85%，群落边缘有扁秆藨草、芦苇分布(彩图 3 - 61)。

（2）根茎禾草沼泽：

芦苇沼泽（*Phragmites australis* swamp）：

芦苇群丛（Ass. *Phragmites australis*）：该类型分布于长流水风景区内聚水的沟谷小水库边沿以及甜水河河滩地，面积小，芦苇高度随水分条件而改变。在水淹处芦苇高2.5m，盖度80%，由水淹处向边缘方向随土壤水分减少高度降低到0.8m，盖度降到50%。群落中散生有狭叶香蒲、扁秆藨草和青杞（*Solanum septemlobum*）等植物种类（彩图3-62）。

（3）莎草型沼泽：

扁秆藨草沼泽（*Scirpus planiculmis* swamp）：

扁秆藨草群丛（Ass. *Scirpus planiculmis*）：该类型分布于长流水风景区内沟谷小水库边沿水湿地段，面积小，由扁秆藨草形成单优群落，盖度70%，高1.0m，群落边缘伴生种类有狭叶香蒲、芦苇（彩图3-63）。

2.3.6　人工植被

人工植被又称为栽培植被，是指通过人工种植和培育而形成的植被。人工植被由于组成物种及其生物学、生态学和经济学特性不同，往往表现为不同的外貌和结构特征，并能与一定的生态环境相适应。

白芨滩国家级自然保护区的人工植被主要包括两大部分：一部分为长流水管护区、大泉管护区、白芨滩管护区（位于保护区范围之外）流动沙地上经人工固沙造林形成的以柠条、沙拐枣、花棒、沙柳等灌木为主的沙地灌丛植被，以及以沙枣、榆树、小叶杨等乔木树种为主的沙地乔木林，以防风固沙目的为主；另一部分为长流水管理站、大泉管理站、白芨滩管理站办公区、职工生活区、农田、景区、道路周边以果品生产、防风固沙、道路绿化、环境美化为主所栽植培育的果林、农田防护林、景观林、道路绿化林等。对保护区内流动沙地的人工沙生植被类型，在本章2.3.2.2中已进行了类型划分和描述，本节不再描述。本节主要对保护区各管理站办公区、职工生活区、农田、景区、道路周边的果林、农田防护林、景观林、道路绿化林予以简单分类描述。

2.3.6.1　经济林

白芨滩国家级自然保护区经济林主要分布于马鞍山管护区、大泉管护区、北沙窝管护区内，为早期流动沙丘地改造后培育的人工林，以苹果林、梨树林、杏树林、枣树林为主。

2.3.6.2　防护林

（1）农田防护林：该类型主要分布于马鞍山管护区、北沙窝管护区、大泉管护区的果园、农田周围，防护林树种组成包括箭杆杨（*Populus nigra* var. *thevestina*）、新疆杨（*Populus alba* var. *pyramidalis*）、旱柳（*Salix matsudana*）、侧柏（*Platycladus orientalis*）、刺槐（*Robinia pseudoacacia*）、圆柏（*Sabina chinensis*）、樟子松（*Pinus sylvestris* var. *mongolica*）、沙枣（*Elaeagnus angustifolia*）等种类，面积较小。

（2）防风固沙林：该类型主要分布于保护区内人工固沙造林地，以灌丛植被为主，主要树种有柠条、沙拐枣、花棒、小叶锦鸡儿、黑沙蒿等，该类型在荒漠草原与沙生植被章节中已有描述。另外，在保护区内各管护区的办公区、职工生活区建筑物周边及保护区内部分道路两侧也分布有小面积的防风固沙林，以乔木林为主，主要类型有刺槐林、侧柏林、旱柳林、圆柏林、樟子松林、小叶杨林、小青杨林、沙枣林等。对其中几种主要类型描述如下。

①樟子松林（Form. *Pinus sylvestris* var. *mongolica*）：该类型分布于大泉管护区附近海拔 1210m 的道路两边及博物馆所处丘陵的南坡，为人工滴灌栽植的道路及景区绿化景观林。樟子松高 1.5m，郁闭度 0.2。灌木种类有柠条、花棒、沙拐枣，总盖度小于 10%。草本层总盖度 15%，优势种为沙鞭，其他种类有冷蒿、沙蓬、猪毛菜和雾冰藜（彩图 3 - 64）。另外，樟子松林在马鞍山管护区、北沙窝管护区、长流水管护区、甜水河管护区也有大量栽植。

②旱柳林（Form. *Salix matsudana*）：该类型分布于大泉管护区附近，为人工滴灌栽植的景观林。旱柳高 2.5m，郁闭度 0.3，林下种植樟子松幼树，林下草本层总盖度 4%，主要种类有栌叶蒿、沙蓬、猪毛菜和雾冰藜（彩图 3 - 65）。

③小叶杨林（Form. *Populus simonii*）：该类型分布于白芨滩管护区附近，为 20 世纪 50 年代以后营造的防风固沙林。小叶杨（*Populus simonii*）高 8～10m，郁闭度 0.6，林下草本层总盖度 5%，主要种类有苦豆子、苦马豆、栌叶蒿、沙蓬、猪毛菜和雾冰藜等（彩图 3 - 66）。

④沙枣林（Form. *Elaeagnus angustifolia*）：该类型分布于大泉管护区，为 2005 年草方格固沙人工造林结合滴灌措施所形成的人工林。乔木层郁闭度 0.4，优势种为沙枣，其他人工种植的树种有樟子松和侧柏。沙枣高 3m，胸径 10cm，冠幅直径 4.6m。灌木层盖度 30%，主要种类为花棒，高 1.3m，丛径 0.6m。草本层主要植物种类有砂蓝刺头、猪毛菜和冷蒿，总盖度 18%（彩图 3 - 67）。

2.4　珍稀濒危植物

2.4.1　国家重点保护植物

白芨滩国家级自然保护区地处荒漠地区，受荒漠环境及植物区系组成影响，相对其他类型生态系统而言植物特有性不高，虽有许多我国北方沙区特有植物，但没有本区特有植物种类。按照国务院发布的《国家重点保护野生植物名录》（第一批）（1999 年）所列植物种类统计，保护区分布有国家重点保护植物 3 种。其中，国家 I 级重点保护野生植物 1 种，为发菜；国家 II 级重点保护野生植物 1 种，为沙芦草，国家 II 级重点保护野生植物水曲柳在本区内人工栽培。

（1）发菜：发菜属藻类植物中蓝藻门念珠藻科（Nostocaceae）念珠藻属（*Nostoc*）陆生藻类，列为国家 I 级重点保护野生植物。发菜细胞全体呈黑蓝色，因其形如乱发、颜色乌黑而得名，也被人称为"地毛"。藻体毛发状，平直或弯曲，棕色，干后呈棕黑色（彩图 3 - 68）。往往许多藻体绕结成团，最大藻团直径达 0.5m；单一藻体干燥时宽 0.3～0.51mm，吸水后黏滑而带弹性，直径可达 1.2mm。藻体内的藻丝直或弯曲，许多藻丝几乎纵向平行排列在厚而有明显层理的胶质被内；单一藻丝的胶鞘薄而不明显，无色。细胞球形或略呈长球形，直径 4～5（6）μm，内含物呈蓝绿色。异形胞端生或间生，球形，直径为 5~6(7)μm，属于原核生物。

发菜生长的土壤表层多数有不同程度的盐结皮，pH 值在 8.0~8.5。分布地区的年降水量 200~300mm，植被为干草原、荒漠草原及荒漠植被。发菜对环境条件具有很强的耐受性，能适应恶劣多变的气候，对干燥、变温、太阳强辐射、大风和干热风有较强的适应性。天气干旱时藻体失水，发丝变细，紧贴地面，进入休眠状态；空气湿度增大时吸收水分而膨胀变软，进行生长。

发菜主要分布于美洲、欧洲、亚洲的一些国家，在我国发菜主要分布于新疆、青海、宁夏、甘肃、山西、陕西、内蒙古和河北 8 个省（自治区），生长于荒漠、半荒漠以及低山丘陵、间山平缓坡地、山前洪积倾斜平原。

（2）沙芦草：沙芦草为禾本科冰草属植物，也叫蒙古冰草，国家Ⅱ级重点保护野生植物。多年生，具根状茎。秆直立，高 20~60cm，有时基部横卧而节上生根成匍茎状，具 2~3 节。叶鞘短于节间，叶舌长 0.5mm；叶片长 10~15cm，宽 2~3mm，无毛，常内卷成针状。穗状花序长 3~9cm，宽 5~7mm，穗轴节间长 3~5mm；小穗向上斜开，长 8~14mm，含 3~8 朵小花，小穗轴节间长 0.5~1mm。第一颖长 3~6mm，第二颖长 4.7mm（连同短尖头）；外稃无毛或具微毛，基盘钝圆，第一外稃长 6~7mm（连同短尖头长达 2mm）。颖果椭圆形，长 4mm。

沙芦草在我国主要分布于内蒙古、宁夏、山西、陕西、甘肃等省（自治区），生长于干燥草原、沙地。

（3）水曲柳：水曲柳别名为东北梣，属木犀科梣属植物，渐危种，列为国家Ⅱ级重点保护野生植物。落叶乔木，小枝对生有四棱；奇数羽状复叶，卵状长圆形小叶 7~11 枚，基部楔形，不对称，边缘有锯齿，下面沿着脉和小叶基部密生黄褐色茸毛，叶轴微有翅；圆锥花序腋生，长 15~20cm；雌雄异株，夏季开花。

水曲柳是古老的残遗植物，分布于朝鲜、日本、俄罗斯和我国的陕西、甘肃、湖北及东北、华北地区等地，分布区虽较广，但多为零星散生。

2.4.2 《中国植物红皮书》收录的植物

白芨滩国家级自然保护区分布有《中国植物红皮书》收录的保护植物 4 种，分别为沙冬青、水曲柳、胡杨、樟子松，其中，水曲柳、胡杨和樟子松为人工栽培。

（1）沙冬青：沙冬青又称蒙古黄花木、冬青、蒙古沙冬青，为荒漠地区十分珍贵的孑遗种，列为国家Ⅱ级重点保护野生植物。常绿灌木，高 1.5~2.0m，粗壮。树皮黄绿色，木材褐色。茎多叉状分枝，圆柱形，具沟棱，幼时被灰白色短柔毛，后渐稀疏。3 小叶，偶为单叶；叶柄长 5~15mm，密被灰白色短柔毛；托叶小，三角形或三角状披针形，贴生叶柄，被银白色茸毛；小叶菱状椭圆形或阔披针形，长 2.0~3.5cm，宽 6~20mm，两面密被银白色茸毛，全缘，侧脉几乎不明显。总状花序顶生枝端，8~12 朵密集；花梗长约 1cm，近无毛，萼齿 5，阔三角形，上方 2 齿合生为一较大的齿；花冠黄色，花瓣均具长瓣柄，旗瓣倒卵形，长约 2cm。荚果扁平，线形，长 5~8cm，宽 15~20mm，无毛，先端锐尖，基部具果颈，果颈长 8~10mm；有种子 2~5 粒，种子圆肾形，径约 6mm。

其分布区气候类型为大陆性气候，春季干燥、多大风，夏季炎热，冬季寒冷，7 月平均气温 22 ~ 25℃，1 月平均气温 – 14 ~ – 10℃，年降水量 50 ~ 200mm 或更低，降水多集中于夏季。沙冬青为常绿超旱生植物，这与当代气候条件显然是不协调的，反映其残遗种的特征。喜沙砾质土壤，或具薄层覆沙的砾石质土壤，不见于沙漠或石质戈壁。多生于山前冲积、洪积平原，山涧盆地，以及石质残丘间的干谷，呈条带状或团块状分布。在我国主要分布于内蒙古、宁夏和甘肃等地海拔 1000 ~ 1200m 低山地带。

（2）胡杨（*Populus euphratica*）：胡杨又名胡桐、英雄树、异叶杨、水桐、三叶树。乔木，树皮灰褐色，下部条状开裂。叶形多变化，卵圆形、卵圆状披针形、三角伏卵圆形或肾形，长 5 ~ 10cm，宽 3cm，先端有 2 ~ 4 对粗齿牙，基部楔形、阔楔形、圆形或截形，有 2 个腺点，两面同色；稀近心形或宽楔形；叶柄长 1 ~ 3cm，微扁，约与叶片等长，萌枝叶柄极短，长仅 1cm，有短绒毛或光滑。由于叶形多变，被称为异叶杨。雌雄异株，柔荑花序；苞片菱形，上部常具锯齿，早落；雄花序细圆柱形，长 2 ~ 3cm，轴有短绒毛，雄蕊 15 ~ 25 枚，花药紫红色，花盘膜质，边缘有不规则齿牙；雌花序长约 3cm，果期伸长，花序轴有短绒毛或无毛；子房具梗，紫红色，长卵形，被短绒毛或无毛，子房柄约与子房等长；柱头 3 个，宽阔，二浅裂，鲜红或淡黄绿色。蒴果长卵圆形，长 10 ~ 12mm，2 ~ 3 瓣裂，无毛。花期 5 月，果期 7 ~ 8 月。

胡杨产于内蒙古西部、新疆、甘肃、青海。国外分布在蒙古、埃及、叙利亚、印度、伊朗、阿富汗、巴基斯坦等地。

胡杨喜光、抗热、抗大气干旱、抗盐碱、抗风沙，是我国西北干旱地区著名植物。其木质纤细，树叶清香，耐旱耐涝，生命力顽强，是非常稀有的树种。

（3）樟子松：樟子松又名海拉尔松、蒙古赤松、黑河赤松。乔木，高达 20m，胸径达 80cm；树皮厚，树干下部灰褐色或黑褐色，深裂成不规则的鳞状块片脱落，上部树皮及枝皮黄色至褐黄色，内侧金黄色，裂成薄片脱落；枝斜展或平展，幼树树冠尖塔形，老则呈圆顶或平顶，树冠稀疏。针叶 2 针一束，常扭曲，长 4 ~ 12cm，先端尖，边缘有细锯齿，两面均有气孔线；横切面半圆形，微扁，二维管束距离较远，树脂道边生；叶鞘基部宿存，黑褐色。雄球花圆柱状卵圆形，长 5 ~ 10mm，聚生于新枝下部，长 3 ~ 6cm；雌球花有短梗，淡紫褐色，当年生小球果长约 1cm，下垂。球果卵圆形或长卵圆形，长 3 ~ 6cm，径 2 ~ 3cm，成熟前绿色，熟时淡褐灰色，熟后开始脱落；中部种鳞的鳞盾多呈斜方形，纵脊横脊显著，肥厚隆起，多反曲，鳞脐呈瘤状突起，有易脱落的短刺。种子小，黑褐色，连翅长 1.1 ~ 1.5cm。花期 5 ~ 6 月，球果第二年 9 ~ 10 月成熟。

樟子松为喜光树种，不耐遮阴，能适应土壤水分较少的山脊及向阳山坡，以及较干旱的沙地及石砾沙土地区，多成纯林或与落叶松混生。樟子松产于我国黑龙江大兴安岭海拔 400 ~ 900m 山地及海拉尔以西、以南一带沙丘地区，目前我国东北和西北地区广泛栽培。

樟子松是我国东北、西北地区主要用材、防护绿化、水土保持优良树种，抗性优良，材质较强，纹理直，可供建筑、家具等用材。树干可割树脂，提取松梨及松节油，树皮可提制栲胶。

2.4.3 植物分布新记录

本次调查过程中，新发现 7 种以往保护区科考植物名录中未曾记载的植物，其中有 1 种植物属于保护区分布新记录科，有 2 种植物属于保护区分布新记录属，扩充了以往的植物名录。7 种新发现植物分别为：

(1)角茴香：罂粟科（新记录科），以往白芨滩科考报告中没有记载，《宁夏植物志》记载其分布于同心县以南地区，本次发现扩大了其在宁夏的分布范围。

(2)牻牛儿苗：牻牛儿苗科(新记录科)，以往白芨滩科考报告中没有记载，《宁夏植物志》记载其遍布宁夏全区。

(3)灰叶铁线莲：毛茛科(新记录属)，以往白芨滩科考报告中没有记载，《宁夏植物志》记载其分布于灵武市干旱向阳山坡。

(4)紫叶小檗：小檗科，栽培种，《宁夏植物志》没有记载。

(5)野西瓜苗：锦葵科，《宁夏植物志》记载分布普遍，以往白芨滩科考报告中没有记载。

(6)蜀葵：锦葵科，栽培种，逸生，《宁夏植物志》有记载，以往白芨滩科考报告中没有记载。

(7)打碗花：旋花科，《宁夏植物志》有记载，以往白芨滩科考报告中没有记载。

2.5 固沙及其他资源植物

白芨滩国家级自然保护区植物种类虽然较少，但资源植物类型较为丰富且有一定的分布量，在进行荒漠化治理和生态恢复工作的同时可以对资源植物进行适度可持续的利用。据粗略统计，本区内有防风固沙植物 100 余种，药用植物 200 余种，食用植物 10 余种，饲用植物数十种。另外，保护区中还有大量的野生花卉植物及薪炭、纤维植物等资源植物。根据科考组野外调查的情况，保护区中重点资源植物主要有以下类型。

2.5.1 食用植物资源

(1)发菜：发菜又称发状念珠藻，属于低等的藻类植物，属蓝藻门念珠藻目的一种藻类。由于发音在方言中近似于"发财"，该植物因此受到国人喜爱。它不仅名称有趣，而且可以食用，并且具有很高的营养价值。100g 发菜中含有水分 13.8g、蛋白质 20.3g、糖类 57g、脂肪 0.3g、铁 200mg、钙 2560mg、磷 45mg，同时含有人体需要的多种其他矿物质。发菜对高血压和多种妇科病有一定的药用价值，还有较快愈合伤口、助消化、解积腻、调节神经等功效。

近年来，由于过量采集发菜，其野生资源已被严重破坏，并导致大片草场退化和土地荒漠化。此外，发菜的分布范围也随着土地的开发而大量减少。由于发菜的开采已经对生态造成了严重破坏，国务院在 2000 年发布了《关于禁止采集和销售发菜制止滥挖甘草和麻黄草有关问题的通知》，将《中国国家重点保护野生植物名录》中发菜的保护级别从Ⅱ级调整为Ⅰ级，并要求严禁发菜的采集、收购、加工、销售和出口。发菜在白芨滩国家级自然保护区的干旱荒漠虽然可见，但目前资源非常有限，建议对该植物加强保护，防止采集破坏。

（2）沙芥（*Pugionium cornutum*）：沙芥为十字花科一年生植物，别名沙萝卜、沙白菜、沙芥菜等，为东亚分布的沙漠植物，生于草原地区的沙地或半固定与流动的沙丘上。沙芥主要分布于蒙古高原，该属多种植物都是集药用、保健、饲用、固沙等作用于一身的著名沙生植物。保护区中沙芥属的沙芥十分常见，为本区内重要的食用植物（彩图 3 – 69，彩图 3 – 70），而另外一种宽翅沙芥则比较稀少。

沙芥为高大草本，植株高 0.5 ~ 2.0m。根肉质，圆柱形，粗壮。茎直立，多分枝，光滑无毛，微具纵棱。叶肉质，基生叶莲座状，具长柄；叶片羽状全裂，有裂片 3 ~ 6 对；茎生叶羽状全裂，但较小，裂片少，常呈条状披外形，茎上部叶条状披针形或披针状线形。总状花序顶生或腋生，花多数，在茎的上端组成圆锥状；萼片 4 枚，外侧 2 枚呈倒披针形，内侧 2 枚则呈长椭圆形。花瓣 4 枚，白色，条形或披针状条形，先端渐尖；雄蕊 6 枚，一枚长雄蕊与邻近的一枚短雄蕊合生达顶端，其他雄蕊离生；雌蕊无花柱，柱头具长乳头状突起。短角果，革质，横卵形，长约 1.5cm，果瓣表面具突起网纹，两侧各具 1 枚披针形翅，对称，上举起成钝角，有 4 个或更多的角状刺。花期 6 ~ 7 月，果期 8 ~ 9 月。

沙芥的叶片肉质肥厚，有芥辣味，风味精香。幼苗茎叶和成株嫩叶可炒食或凉拌，亦可干制或腌制，是沙区人们喜食的一种蔬菜。当年未开花植物的根可洗净清煮脱水后晾晒或腌渍。沙芥含有蛋白质、脂肪、糖类、多种维生素和矿物质，具有行气、消食、止痛、解毒、清肺的功效。沙芥叶具解酒、解毒、助消化的功效，根具有止咳、清肺、治疗气管炎的功效。

通过科考组的野外调查，在保护区内沙芥分布广泛，个体众多，是当地居民常用的野菜植物之一。该植物全株均可食用，尤其果实中富含芥末成分，风味独特。由于本种植物生活周期短、天然产量大、资源丰富，所以可以适当开发为沙区特色的食用植物。

（3）蒙古韭（*Allium mogolicum*）：蒙古韭也叫沙葱，是保护区中一种非常常用而且很受欢迎的食用植物（彩图 3 – 71）。蒙古韭为百合科的多年生草本。具根茎，鳞茎柱形，簇生。基生叶细线形。花莛圆柱形。多数小花密集成半球形和球形的伞形花序，鲜淡紫色至紫红色。花期 6 ~ 8 月。

蒙古韭是沙漠草甸植物的伴生植物，常生于海拔较高的沙质戈壁中，因其形似幼葱，故称沙葱。春季的沙葱幼嫩美味，同时还有一定的药用价值。由于沙葱在荒漠中生长分布比较零散，采集并不是很容易。受其生物学特性限制，其产量随年气候的不同而有增减，降水量充沛的年份，产量可大幅上涨，而如果水分不足，则产量大减。

2.5.2　固沙（水土保持）植物资源

（1）沙冬青：沙冬青是保护区中十分重要的保护植物。沙冬青又称蒙古黄花木、冬青、蒙古沙冬青，为沙漠中唯一的常绿灌木（彩图 3 – 72）。

沙冬青是古老的第三纪残遗种，为鄂尔多斯高原和阿拉善荒漠区所特有的建群植物。由于过度樵采，沙冬青群落遭到严重破坏，分布面积日趋缩小，若不加强保护，将面临着逐渐灭绝的危险。对沙冬青进行研究保护和资源开发，具有十分重要的意义。

首先是种质资源价值。沙冬青是我国重点保护野生植物，是世界稀有的珍贵种质资源，对它的保护、开发和研究，无疑对于保护植物物种，研究历史、地理学、古生物学和古地质学等都有着重要的科学价值。其次是对绿化荒漠山川的生态建设意义。沙冬青为常绿阔叶灌木，有适应严酷环境的生理生态特点，叶组织内有大量黏液细胞，可以生存在极端干旱的荒山和石质戈壁上，防风固沙性能好，生态效益巨大，是绿化荒漠山川的优良树种，对绿化干旱山川具有重要生态意义（彩图 3 - 73）。此外，沙冬青还具有一定药用价值。沙冬青的乙醇提取物含白藜芦醇。白藜芦醇能降低外-β-D-葡聚糖酶（以对硝基苯-β-D-吡喃葡聚糖苷为底物）的活性 30% ~ 80%。其药用功效为活血、祛风除湿、舒筋散瘀，主治冻疮、慢性风湿性关节痛。

沙冬青抗逆性强，根系发达，固沙保土性能好；根部具有根瘤，改良土壤作用大。沙冬青种子富含油脂，其脂肪酸组成中亚油酸含量高达 87% 以上，在食品、化工、医疗保健等方面具有很大的挖掘潜力。沙冬青是一种一年种植、多年受益，集生态效益和经济效益于一体的优良固沙植物种。

（2）芦苇：芦苇给人的印象总是生活在水中，而白芨滩国家级自然保护区则有着沙漠中生长芦苇的奇特景观（彩图 3 - 74）。当地人管这种植物叫沙芦苇，其实这种植物就是世界广泛分布的芦苇。芦苇不仅分布广泛，而且生态适应性极其广泛，既能够在水中生长，也能在干旱环境下生存。

芦苇具有多种经济用途，不仅可作为造纸、建材等工业原料，而且根部可入药，有利尿、解毒、清凉、镇呕、防脑炎等功能。除了巨大的经济价值以外，芦苇还有重要的生态价值：大面积的芦苇不仅可调节气候、涵养水源，所形成的良好的湿地生态环境也为鸟类提供栖息、觅食、繁殖的家园。在白芨滩国家级自然保护区内，芦苇的生态作用非常明显，形成独特的荒漠景观。

（3）沙拐枣：沙拐枣是白芨滩国家级自然保护区中最为常见的沙生植物，也是保护区中利用草方格固沙后人工造林中常使用的固沙植物之一。沙拐枣为灌木，高 25 ~ 150cm。老枝灰白色或淡黄灰色，拐曲；当年生幼枝草质，灰绿色，有关节。叶线形。花白色或淡红色，通常 2 ~ 3 朵，簇生叶腋；花梗细弱，下部有关节；花被片卵圆形，长约 2mm，果期水平伸展。果实（包括刺）宽椭圆形，通常长 8 ~ 12mm，宽 7 ~ 11mm；瘦果不扭转、微扭转或极扭转，条形、窄椭圆形至宽椭圆形；果肋突起或突起不明显，沟槽稍宽或狭窄，每肋有刺 2 ~ 3 行；刺等长或长于瘦果之宽，细弱，毛发状，质脆，易折断，较密或较稀疏，基部不扩大或稍扩大，中部 2 ~ 3 次分叉。花期 5 ~ 7 月，果期 6 ~ 8 月。

该属植物在白芨滩国家级自然保护区只有一个种类，但是该种植物变异极大，尤其是果实颜色等特征存在一定分化。另外，沙拐枣的果实奇特而美丽，使得很多人误以为是花（彩图 3 - 75）。其实沙拐枣的花很小，多为白色，经常容易被人忽略。保护区中的沙拐枣经常与豆科的杨柴和花棒组成沙生植物群落，对沙丘的水土保持起着极其重要的作用。

（4）柠条：柠条是白芨滩自国家级然保护区荒漠化治理中应用到的一种重要植物（彩图 3 - 76、彩图 3 - 77）。柠条为豆科锦鸡儿属落叶大灌木，可为饲用植物，根系极为发达，主根入土深，株高可达 2m 左右。老枝黄灰色或灰绿色，幼枝被柔毛。羽状复叶有 3~8 对小叶；托叶在长枝者硬化成长刺，宿存；叶轴密被白色长柔毛，脱落；小叶椭圆形或倒卵状圆形，先端圆或锐尖，很少截形，有短刺尖，基部宽楔形，两面密被长柔毛。花梗关节在中部以上，很少在中下部；花萼管状钟形，密被短柔毛，萼齿三角状；花冠黄色，长 20~25mm，旗瓣宽卵形或近圆形，瓣爪为瓣片的 1/4~1/3，翼瓣长圆形，先端稍尖，瓣柄与瓣片近等长，耳不明显；子房无毛。荚果披针形或长圆状披针形，扁，先端短、渐尖。柠条叶簇生或互生，偶数羽状复叶。叶轴、托叶脱落或宿存而硬化成针刺。花单生，蝶形花冠，黄色，少有带红色。荚果椭圆形或肾形，膨胀或扁干，顶端尖。种子椭圆形或球形。树皮黄灰色、黄绿色或黄白色，种子红色。花期 5~6 月，果期 7 月。

柠条一般可生长几十年，有的可达 100 年以上。播种当年的柠条，地上部分生长缓慢，第二年生长加快。柠条的生命力很强，在 -32℃ 的低温下也能安全越冬。柠条的萌发力也很强，平茬后每个株丛又生出 60~100 个枝条，形成茂密的株丛。平茬当年可长到 1m 以上。柠条对环境条件具有广泛的适应性，柠条在形态方面具有旱生结构，其抗旱性、抗热性、抗寒性和耐盐碱性都很强。在土壤 pH 值 6.5~10.5 的环境下都能正常生长。由于柠条对恶劣环境条件的广泛适应性，它对生态环境的改善功能很强。柠条林带、林网能够削弱风力，降低风速，直接减轻林网保护区内土壤的风蚀作用，变风蚀为沉积，使土粒相对增多，再加上林内有大量枯落物堆积，使沙土容重变小，腐殖质和氮、钾含量增加，尤以钾的含量增加较快。

第 3 章
国家重点保护野生植物资源储量

3.1 沙冬青植物资源储量调查

3.1.1 分布概况

沙冬青为豆科沙冬青属植物，是西北荒漠地区珍稀濒危的常绿阔叶灌木，也是国家Ⅱ级重点保护野生植物。沙冬青为第三纪古地中海沿岸植物经古地中海退缩、气候旱化幸存下来的残遗物种之一，是豆科中比较原始的种类，具有很强的抗旱、抗寒及耐贫瘠、抗风沙的能力，是优良固沙树种，同时还具有重要的资源价值和经济意义，在研究第三纪气候特征、地理环境变迁、亚洲中部荒漠植被的起源和形成等方面也具有重要的科学价值。

沙冬青在我国主要分布于宁夏灵武市、吴忠市、陶乐县、中卫县，以及内蒙古磴口县、乌海市、鄂托克旗、乌拉特后旗、阿拉善左旗、阿拉善右旗和甘肃民勤县等地海拔1000~2000m的低山地带。沙冬青分布区属于温带荒漠区，气候环境恶劣，夏季干旱炎热，冬季低温寒冷，年降水量一般小于250mm；沙冬青分布区大都处于沙质荒漠地带，土壤以灰棕荒漠土为主，母质为砾质或沙质黏土，土壤瘠薄，有机质含量低于1%，土壤一般呈碱性，pH值7.8~9.6，土壤含盐量较高（何恒斌，2008）。由于生境严酷，因此沙冬青群落组成及结构一般较为简单，沙冬青天然植物群落组成物种约有20种，主要由豆科、藜科和蒺藜科植物组成，群落结构一般由单一灌木层组成，或灌木层下分布有稀疏的草本层。灌木层多以沙冬青单优群落为主，或与霸王、柠条、黑沙蒿等组成共建种，呈小片状分布，群落盖度为25%~30%。

沙冬青天然资源分布范围狭小、生境严酷，野生资源培育难度很大。近些年来，随着沙冬青的药用和食用功效不断得到重视，各种不合理开采利用行为加剧，使沙冬青资源遭受了严重的破坏，分布面积不断缩小，整体上处于濒临灭绝状态。

3.1.2　野生种群数量调查方法

通过对白芨滩国家级自然保护区植被的全面调查以及参考保护区植被类型图，确定沙冬青种群分布的边界范围、生境类型。针对沙冬青分布范围内不同生境类型，采取随机取样方式和典型抽样方式进行样地设置和群落调查，样地面积20m×20m，调查内容包括：样地号、面积，调查地点、时间，样地地理坐标、海拔、坡向、坡位、土壤特征，植物种类组成、数量、高度、盖度、冠幅等。每个生境类型样地数量30个以上。不同生境野生植物储量根据该生境沙冬青样地中平均密度乘以生境面积估算，生境面积根据确定的生境边界在GIS统计软件中进行计算。

3.1.3　野生种群数量统计

根据野外调查结果，白芨滩国家级自然保护区内沙冬青主要分布于沙漠草原带的灌木荒漠草原、小灌木荒漠草原群系组和荒漠植被带的灌木荒漠、小半灌木荒漠群系组中的部分群系类型，分布于保护区中部和南部低山丘陵及丘间低地，以灰漠土为主。通过GIS生境面积统计结果，沙冬青分布区低山丘陵区面积约为1154hm²，丘间低地面积约为1216hm²。根据样地调查结果，低山丘陵区沙冬青平均分布密度为17.1丛/hm²，丘间低地沙冬青平均分布密度约为8.3丛/hm²。根据面积及密度估算，白芨滩国家级自然保护区沙冬青种群数量约在2.9万株。

3.1.4　野生种群年龄结构统计

年龄结构是反映种群动态的一个重要指标，通过年龄结构分析可以反映一个种群的发展趋势。对于珍稀濒危植物，为了防止年龄测定中对植株个体的破坏，相关研究主要采用单株的大小结构代替年龄结构。沙冬青属于灌木，基部分枝多，无明显主干，年轮不易辨别，应用生长锥或径级研究种群动态的难度较大，因此以往相关研究多采用沙冬青天然种群的个体树高和冠幅大小进行种群动态分析。根据白芨滩国家级自然保护区沙冬青种群调查结果发现，荒漠区沙冬青无论灌丛高度还是冠幅均明显小于荒漠草原区，因此在划分年龄结构时，需采取不同的划分标准。对于荒漠草原区，采用以往学者的划分方法，以20cm为一个高度级、30cm为一个幅度级，沙冬青个体不同生长阶段的划分标准为：幼苗，树高≤20cm，冠幅≤30cm；幼树，20cm<树高≤40cm，30cm<冠幅≤60cm；中龄植株，40cm<树高≤120cm，60cm<冠幅≤180cm；老龄植株，树高≥120cm，冠幅≥180cm。对于荒漠区沙冬青种群，由于环境严酷，个体高度一般在40~50cm，难以区分植株间年龄差异，而冠幅变化相对较为明显，可以作为年龄大小的替代指标，因此本研究中，以冠幅作为年龄大小替代指标，以10cm为一个冠幅等级，沙冬青个体不同生长阶段的划分标准为：幼苗，冠幅≤10cm；幼树，10cm<冠幅≤20cm；中龄植株，20cm<冠幅≤30cm；老龄植株，冠幅≥30cm。根据以上划分标准，分别对荒漠草原区和荒漠区的沙冬青种群调查样地中不同高度级和冠幅级的个体数量进行分类统计，绘制高度级–个体数量分布图和冠幅级–个体数量分布图，分析其年龄结构和种群动态，结果如图3-1至图3-3所示。

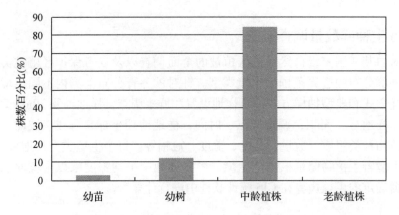

图3-1 荒漠草原区沙冬青种群依树高划分的个体数量与年龄结构分布

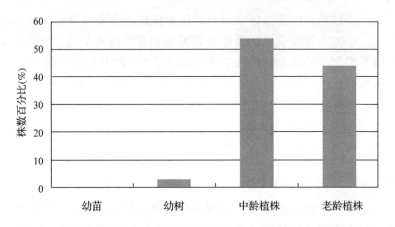

图3-2 荒漠草原区沙冬青种群依冠幅划分的个体数量与年龄结构分布

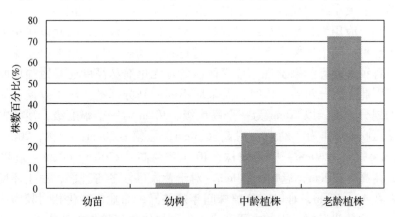

图3-3 荒漠区沙冬青种群依冠幅划分的个体数量与年龄结构分布

从图3-1至图3-3可以看出，无论是荒漠草原区还是荒漠区，沙冬青种群普遍呈现出幼苗、幼树个体数量偏少，甚至缺乏，而中老龄个体比例较高的状况，反映出沙冬青种群在白芨滩国家级自然保护区处于衰退的状态，更新缺乏，甚至出现断代现象。

沙冬青天然种群数量日趋衰减，既有自然因素的影响，也有人为因素的影响。自然因素主要在于白芨滩国家级自然保护区自然环境严酷，降水量少，而沙冬青种子颗粒大、种皮坚硬，发芽需要较高的土壤含水量，因此水分条件成为限制沙冬青更新繁殖的一个重要因素。另外，沙冬青种子不易随风或流水传播，且易遭受病虫危害，这也是影响其种源数量、限制沙冬青种群扩散的自然因素。人为因素方面，保护区内放牧对植被及土壤的破坏、煤矿开采导致地下水下降等人为活动对沙冬青生存都存在一定负面影响。尤其是煤炭开采、小煤窑、炼焦厂等工厂建设和生产，破坏植被，引起严重的风蚀流沙，加剧了沙冬青生长环境的恶化，造成沙冬青更新困难，原有种群个体不断衰老死亡，更新困难，数量不断下降。

3.2　发菜植物资源储量调查

3.2.1　分布概况

发菜是蓝藻门念珠藻科念珠藻属发状念珠藻的俗称，分布于美洲、欧洲、亚洲的一些国家，在我国发菜主要分布于新疆、青海、宁夏、甘肃、山西、陕西、内蒙古和河北 8 个省份，生长于荒漠、半荒漠以及低山丘陵、间山平缓坡地、山前洪积倾斜平原。在我国广东、香港、澳门地区以及东南亚地区，发菜由于与"发财"谐音，并具有较高的营养价值而畅销，仅广东省一年的销量就达到 100t 左右。但发菜由于生存环境苛刻，在自然界的生长极为缓慢，一年仅仅生长 6% 左右（戴治稼，1992）。而产区不合理的开采不仅导致其资源量锐减，同时还对草原和荒漠生态系统造成了难以估量的破坏。此外，放牧很容易破坏发菜生长的固着基质，即荒漠植被及土壤表面结构的破坏，也是导致发菜资源分布区缩小、资源量下降的另一个重要因素。为此，我国政府在 2000 年 6 月禁止对发菜的进一步采集和交易，以减缓我国西部土地的沙漠化。

在发菜的人工繁殖方面，从 1972 年我国就开始有人进行发菜的人工培养，此后不少单位相继展开了相关研究，但相关培养条件只能使发菜在短时间内生长量有不同程度的增加，没有取得理想的进展。

发菜在白芨滩国家级自然保护区主要分布于其北部海拔 1200～1300m 的荒漠丘陵区低山丘陵及间山平缓坡地，主要植被类型为珍珠猪毛菜、红砂荒漠灌丛，灌木层盖度在 20%～40%，草本层植物主要有短花针茅，盖度在 1%～3%。

3.2.2　野生储量统计方法

通过对白芨滩国家级自然保护区的全面调查，确定发菜的分布范围、边界、生境类型，针对发菜分布范围内不同生境的类型，采取随机取样方式和典型抽样方式设置样地进行发菜生境及储量调查，每种生境类型布设样地 30 个，样地面积大小设置为 1m×1m，调查内容包括：样地号、面积，调查地点、时间，样地地理坐标、海拔、坡向、坡位、土壤特征，植物种类组成、数量、高度、盖度和调查样地内发菜的丛数等。不同生境发菜数量根据该生境样地中发菜平均丛数乘以生境面积估算，生境面积根据确定的生境边界在 GIS 统计软件中进行计算。根据单位样方中发菜的丛数和重量计算每丛发菜的重量，然后对分布区范围内发菜的总储量进行估算。

根据对发菜的分布生境调查结果，发菜主要分布于白芨滩北部低山丘陵荒漠区的间山平缓坡地，适合于发菜分布的间山平缓坡地面积在 12.63km^2 左右，发菜重量约在 133 丛/g，通过系统取样统计，发菜分布数量平均在 2.4 丛/m^2，计算出白芨滩国家级自然保护区发菜野生储量约在 228kg。

3.2.3　资源受威胁现状及对策

白芨滩国家级自然保护区野生发菜主要分布于北部荒漠区，发菜资源分布区仅局限于低山丘陵间的缓坡地段，面积较为狭小。目前发菜分布区受放牧、修路、工程建设、人为活动增强等直接影响，面积不断缩小，分布区的天然植被受到不同程度的干扰，盖度下降，同时维持发菜繁殖的地表结构受到一定的破坏，单位面积种群数量减少。根据调查发现，凡人为干扰严重的地段，植被盖度下降明显，发菜不仅生长的微环境受到破坏，而且在地表缺乏植物及土壤环境的固定，很容易被风刮走，种群数量明显减少。

针对白芨滩国家级自然保护区野生发菜受到的威胁现状，应通过封围、禁牧、限制车辆进入等措施，保护发菜分布区天然植被，减少人为活动对发菜生境的破坏，维护其正常繁衍。

第 **4** 章

野 生 动 物 多 样 性

　　白芨滩国家级自然保护区位于毛乌素沙地边缘，宁夏灵武市境内引黄灌区东部，属荒漠生态系统类型自然保护区。1998—1999 年，宁夏白芨滩自然保护区会同中国林业科学研究院、宁夏回族自治区林业局、宁夏环境保护厅、宁夏林业勘察设计院、宁夏灵武市林业局等单位的专家首次对保护区开展了系统的科学考察工作，对当时保护区范围内的自然地理环境、植物资源、动物资源等进行了综合考察，考察成果汇编为《宁夏白芨滩自然保护区科学考察集》(宋朝枢、王有德，1999)，由中国林业出版社出版。该考察集中共记录陆栖野生脊椎动物 23 目 48 科 115 种，其中两栖类 1 目 2 科 2 种，爬行类 2 目 3 科 5 种，鸟类 14 目 30 科 83 种，兽类 6 目 13 科 25 种(根据最新的分类资料)。后来由国家林业局调查规划设计院、宁夏回族自治区林业局、宁夏白芨滩国家级自然保护区管理局前后组成科考队与科考报告编辑组，在对范围调整后的保护区进行综合考察的基础上，完成了新的《宁夏灵武白芨滩国家级自然保护区科学考察报告》(2010 版)。新科学考察报告中的陆栖野生脊椎动物多样性与旧科学考察集完全相同，没有变化。这说明从 1999 年以来对保护区陆栖野生脊椎动物多样性方面没有进行调查记录或未更新科学考察报告内容。白芨滩国家级自然保护区陆栖野生脊椎动物多样性方面已有的调查研究资料特别缺少，除了《宁夏脊椎动物志》(王香亭，1990) 和《宁夏白芨滩自然保护区科学考察集》(宋朝枢、王有德，1999) 以外，可参考和比较的资料很少，未见专门调查研究该保护区陆栖野生脊椎动物或各类群动物多样性及资源方面的文献资料。

　　本次白芨滩国家级自然保护区野生动物科考工作在保护区领导和工作人员的大力支持和协助下，科考队员对保护区陆栖野生脊椎动物和昆虫资源特别是鸟类多样性进行较详细的实地调查记录。最初，在 2014 年 12 月，对保护区管理机构、功能区划、管理站点、植被和脊椎动物多样性进行初步实地调查了解后，开始收集基础资料，制订具体考察工作计划和调查样线、样点。2015—2016 年期间，野外考察工作基本上分春、夏、秋、冬 4 个季节进行。分别在 2015 年 4 月、2015 年 8 月和 2016 年 10 月，对保护区陆栖野生脊椎动物多样性和昆虫资源进行较全面系统的调查记录和采集标本，调查区域涉及保护区不同管理区域、不同功能区划、不同地形地貌和植被类型，包括长流水管理站(管理站周围树林、长流水沟谷上游和下游水库、三岔沟)、甜水河管理站(管理站周围树林、贼沟门河流和树林)、大泉管理站(管理站周围树林和果园、渔湖、固定沙丘)、白芨滩管理站(管理站周围树林、四号水库)、马鞍山管理站(管理站周围树林、甘露寺荒漠草原)等主要管理辖区的不同生境。另外,还有来回路途中的大面积荒漠草原和沙丘以及圆疙瘩湖、鸳鸯湖、灵武市西湖公园等保护区周边多种生境和社区居民点。部分调查样线和样点的地理位置(GPS经、纬度)、长度或面积、生境等见表4-1。

表4-1 白芨滩国家级自然保护区陆栖野生脊椎动物调查样线、样点

调查样线、样点	生境	样线长度或样点面积	地理位置
长流水上游景区	河流湿地、灌丛、沟谷两岸荒漠草原	2.5km	E37.8511° N106.4618°
长流水下游水库	水库、芦苇、灌丛、人工乔木林、沟谷两岸荒漠草原	2.0km	E37.8486° N106.4034°
长流水管理站树林	人工树林	2.0km	E37.8678° N106.4039°
长流水管理辖区三岔沟	河流湿地、荒漠沟谷	2.0km	E37.8228° N106.4824°
大泉管理站树林和果园	人工树林、果园	2.2km	E37.95087° N106.3908°
大泉管理站渔湖	小型湖泊、树林、荒漠草原	1.2km	E37.9438° N106.3709°
大泉管理站固定沙丘	固定沙丘	2.0km	E37.9637° N106.4170°
甜水河管理站树林	人工树林	2.2km	E38.1131° N106.5112°
甜水河管理站贼沟门	河流湿地、灌丛、沟谷两岸荒漠草原	2.0km	E38.1275° N106.5348°
白芨滩管理站树林	人工树林	2.5km	E38.0918° N106.7387°
白芨滩管理站东湾村树林	人工树林、荒漠草原	2.0km	E38.1070° N106.7796°
马鞍山管理站树林	人工树林	2.2km	E38.3225° N106.3979°
马鞍山管理站甘露寺荒漠草原	盐爪爪+红砂等荒漠草原	2.0km	E38.2967° N106.4257°
圆疙瘩湖	湖泊、芦苇沼泽、荒漠草原	8.0km^2	E38.0223° N106.560°
鸳鸯湖	湖泊、芦苇沼泽、荒漠草原	3.0km^2	E38.0457° N106.6851°

实地调查中主要使用10×42 Kowa双筒望远镜、25~60倍Kowa单筒望远镜和配备500mm定焦镜头的Canon(EOS 5DⅢ)数码照相机以及手持GPS观察记录每条样线、样点的动物种类、数量和栖息生境、经纬度、海拔、样线长度以及调查时间,并作为佐证材料,所见动物尽可能拍摄图片。实地调查期间除了采用样线法、定点观察法和痕迹法统计记录动物种类和分布特征外,还对保护区管理人员和社区居民进行了访问、

访谈，了解了保护区及周边区域野生动物种类及地方名。根据近两年的实地调查记录，并结合已有科考报告和相关文献资料，对白芨滩国家级自然保护区陆栖野生脊椎动物多样性总结和分析如下。

4.1　脊椎动物区系

白芨滩国家级自然保护区在动物地理区划中，地跨古北界的华北区和蒙新区，包括华北的黄土高原亚区和蒙新区的西部荒漠亚区。保护区位于华北区和蒙新区的过渡地带，自然景观多样，除了有山地荒漠、沙地丘陵为主的荒漠草原和沙生植被等地带性植被外，还有大面积人工绿化林和防沙治沙林、人工经济林（果园）、黄河引水灌溉渠和水库、小型湖泊河流等多种生境，为野生动物提供了生存繁衍和栖息条件。

4.1.1　种类组成及分析

在保护区及周边区域调查共记录到陆栖野生脊椎动物 4 纲 25 目 56 科 99 属 129 种（表 4-2）。其中两栖纲动物 1 目 2 科 2 属 2 种，爬行纲动物 1 目 3 科 5 属 8 种，鸟纲动物 17 目 39 科 72 属 97 种，哺乳纲动物有 6 目 12 科 20 属 22 种。

表 4-2　白芨滩国家级自然保护区陆栖野生脊椎动物多样性统计

纲	目	科	属	种
哺乳纲	6	12	20	22
鸟　纲	17	39	72	97
爬行纲	1	3	5	8
两栖纲	1	2	2	2
总　数	25	56	99	129

保护区调查记录的陆栖野生脊椎动物目、科、种数分别占宁夏回族自治区陆栖野生脊椎动物总目、科、种数（李志军，2007）的 92.6%、69.1% 和 29.8%（表 4-3），说明保护区陆栖脊椎动物在宁夏回族自治区野生动物多样性的保护和基础研究中占据一定地位。

表 4-3　白芨滩国家级自然保护区陆栖野生脊椎动物在宁夏所占比例

类别（纲）	目数			科数			种数		
	保护区	宁夏	比例（%）	保护区	宁夏	比例（%）	保护区	宁夏	比例（%）
哺乳纲	6	6	100.0	12	20	60.0	22	85	25.9
鸟　纲	17	17	100.0	39	49	79.6	97	320	30.3
爬行纲	1	2	50.0	3	8	37.5	8	21	38.1
两栖纲	1	2	50.0	2	4	50.0	2	7	28.6
总　数	25	27	92.6	56	81	69.1	129	433	29.8

4.1.1.1　两栖动物

保护区两栖动物有 1 目 2 科 2 属 2 种（表 4-4），这两种为花背蟾蜍和黑斑蛙，分布栖息于湖泊、河流等湿地环境及周边地区，其中花背蟾蜍较为常见。两栖动物种数占保护区陆栖野生脊椎动物总种数的 1.6%，占宁夏回族自治区两栖动物总种数的 28.6%。

表4-4　白芨滩国家级自然保护区两栖动物种类组成

目/科/属/种	目/科/属/种
I 无尾目 ANURA	二、蛙科 Ranidae
一、蟾蜍科 Bufonidae	（二）蛙属 *Rana* Linnaeus, 1758
（一）蟾蜍属 *Bufo* Laurenti, 1768	2. 黑斑蛙 *Rana nigromaculata*
1. 花背蟾蜍 *Bufo raddei*	

4.1.1.2　爬行动物

保护区爬行动物有 1 目 3 科 5 属 8 种（表4-5），其中蜥蜴亚目鬣蜥科 2 种、蜥蜴科 3 种，蛇亚目游蛇科 3 种。爬行动物种数占保护区陆栖野生脊椎动物总种数的 6.2%，占宁夏回族自治区爬行动物总种数的 38.1%。

表4-5　白芨滩国家级自然保护区爬行动物种类组成

目/科/属/种	目/科/属/种
I 有鳞目 SQUAMATA	5. 丽斑麻蜥 *Eremias argus*
蜥蜴亚目 LACERTILIA	蛇亚目 SERPENTES
一、鬣蜥科 Agamidae	三、游蛇科 Colubridae
（一）沙蜥属 *Phrynocephalus* Kaup, 1825	（三）游蛇属 *Coluber* Linnaeus, 1758
1. 草原沙蜥 *Phrynocephalus frontalis*	6. 黄脊游蛇 *Coluber spinalis*
2. 荒漠沙蜥 *Phrynocephalus przewalskii*	（四）锦蛇属 *Elaphe* Fitzinger, 1833
二、蜥蜴科 Lacertidae	7. 白条锦蛇 *Elaphe dione*
（二）麻蜥属 *Eremias* Wiegmann, 1834	（五）颈槽蛇属 *Rhabdophis* Fitzinger, 1843
3. 密点麻蜥 *Eremias multiocellata*	8. 虎斑颈槽蛇 *Rhabdophis tigrina*
4. 荒漠麻蜥 *Eremias przewalskii*	

本次野外调查期间，草原沙蜥和密点麻蜥为常见种，荒漠麻蜥较少见。根据保护区原有考察集和所收藏的标本以及现有工作人员提供的信息，荒漠沙蜥、丽斑麻蜥、黄脊游蛇、白条锦蛇和虎斑颈槽蛇均在保护区及周边区域分布栖息。上述 8 种爬行动物中，密点麻蜥、荒漠麻蜥和虎斑颈槽蛇在原有考察集（宋朝枢、王有德，1999）中未记载，为本次调查中发现的保护区新记录种。

4.1.1.3　鸟类

保护区鸟类资源比较丰富，依据 J. L. Peter 的分类系统，共调查记录到 17 目 39 科 72 属 97 种（表4-6），分别占保护区陆栖野生脊椎动物总目、科、属、种数的 68.0%、69.6%、72.7% 和 75.2%，成为保护区主要的野生动物类群。保护区鸟类目、科和种数分别占宁夏回族自治区鸟类总目、科和种数的 100.0%、79.6% 和 30.3%，在宁夏回族自治区鸟类多样性的保护和基础研究中占据一定地位。

表 4-6　白芨滩国家级自然保护区鸟类种类组成

目/科/属/种	目/科/属/种
I　鸊鷉目 PODICIPEDIFORMES	（十四）赤嘴潜鸭属 *Netta* Kaup, 1829
一、鸊鷉科 Podicipedidae	20. 赤嘴潜鸭 *Netta rufina*
（一）小鸊鷉属 *Tachybaptus* Reichenbach, 1852	V　隼形目 FALCONIFORMES
1. 小鸊鷉 *Tachybaptus ruficollis*	六、鹰科 Accipitridae
（二）鸊鷉属 *Podiceps* Latham, 1787	（十五）秃鹫属 *Aegypius* Savigny, 1809
2. 凤头鸊鷉 *Podiceps cristatus*	21. 秃鹫 *Aegypius monachus*
3. 黑颈鸊鷉 *Podiceps nigricollis*	（十六）短趾雕属 *Circaetus* Vieillot, 1816
II　鹈形目 PELECANIFORMES	22. 短趾雕 *Circaetus gallicus*
二、鸬鹚科 Phalacrocoracidae	（十七）鹞属 *Circus* Lacepede, 1799
（三）鸬鹚属 *Phalacrocorax* Brisson, 1760	23. 白尾鹞 *Circus cyaneus*
4. 普通鸬鹚 *Phalacrocorax carbo*	（十八）鹰属 *Accipiter* Brisson, 1760
III　鹳形目 CICONIIFORMES	24. 雀鹰 *Accipiter nisus*
三、鹭科 Ardeidae	25. 苍鹰 *Accipiter gentilis*
（四）鹭属 *Ardea* Linnaeus, 1758	（十九）鵟属 *Buteo* Lacepede, 1799
5. 苍鹭 *Ardea cinerea*	26. 普通鵟 *Buteo buteo*
6. 草鹭 *Ardea purpurea*	27. 大鵟 *Buteo hemilasius*
（五）白鹭属 *Egretta* Forster, 1817	七、隼科 Falconidae
7. 大白鹭 *Egretta alba*	（二十）隼属 *Falco* Linnaeus, 1758
（六）夜鹭属 *Nycticorax* Forster, 1817	28. 红脚隼 *Falco amurensis*
8. 夜鹭 *Nycticorax nycticorax*	29. 红隼 *Falco tinnunculus*
（七）苇鳽属 *Ixobrychus* Billberg, 1828	30. 猎隼 *Falco cherrug*
9. 黄苇鳽 *Ixobrychus sinensis*	VI　鸡形目 GALLIFORMES
四、鹮科 Threskiornithidae	八、雉科 Phasianidae
（八）琵鹭属 *Platalea* Linnaeus, 1758	（二十一）雉属 *Phasianus* Linnaeus, 1758
10. 白琵鹭 *Platalea leucorodia*	31. 环颈雉 *Phasianus colchicus*
IV　雁形目 ANSERIFORMES	（二十二）山鹑属 *Perdix* Brisson, 1760
五、鸭科 Anatidae	32. 斑翅山鹑 *Perdix dauuricae*
（九）天鹅属 *Cygnus* Gmelin, 1789	（二十三）石鸡属 *Alectoris* Kaup. 1829
11. 小天鹅 *Cygnus columbianus*	33. 石鸡 *Alectoris chukar*
（十）雁属 *Anser* Brisson, 1760	VII　鹤形目 GRUIFORMES
12. 灰雁 *Anser anser*	九、秧鸡科 Rallidae
（十一）麻鸭属 *Tadorna* Fleming, 1822	（二十四）骨顶属 *Fulica* Linnaeus, 1758
13. 赤麻鸭 *Tadorna ferruginea*	34. 骨顶鸡 *Fulica atra*
（十二）鸭属 *Anas* Linnaeus, 1758	（二十五）黑水鸡属 *Gallinula* Brisson, 1760
14. 赤膀鸭 *Anas strepera*	35. 黑水鸡 *Gallinula chloropus*
15. 绿头鸭 *Anas platyrhynchos*	十、鸨科 Otididae
16. 斑嘴鸭 *Anas poecilorhyncha*	（二十六）鸨属 *Otis* Linnaeus, 1758
17. 琵嘴鸭 *Anas clypeata*	36. 大鸨 *Otis tarda*
（十三）潜鸭属 *Aythya* Boie, 1822	VIII　鸻形目 CHARADRIIFORMES
18. 白眼潜鸭 *Aythya nyroca*	十一、鸻科 Charadriidae
19. 红头潜鸭 *Aythya ferina*	（二十七）麦鸡属 *Vanellus* Brisson, 1760

（续）

目/科/属/种	目/科/属/种
37. 灰头麦鸡 *Vanellus cinereus*	（三十九）雨燕属 *Apus* Scopoli，1777
38. 凤头麦鸡 *Vanellus vanellus*	54. 楼燕 *Apus apus*
（二十八）鸻属 *Charadrius* Linnaeus，1758	Ⅹ Ⅳ　佛法僧目 CORACIIFORMES
39. 金眶鸻 *Charadrius dubius*	二十、翠鸟科 Alcedinidae
十二、鹬科 Scolopacidae	（四十）翠鸟属 *Alcedo* Linnaeus，1758
（二十九）鹬属 *Tringa* Linnaeus，1758	55. 普通翠鸟 *Alcedo atthis*
40. 鹤鹬 *Tringa erythropus*	Ⅹ Ⅴ　戴胜目 UPUPIFORMES
41. 红脚鹬 *Tringa totanus*	二十一、戴胜科 Upupidae
42. 白腰草鹬 *Tringa ochropus*	（四十一）戴胜属 *Upupa* Linnaeus，1758
43. 泽鹬 *Tringa stagnatilis*	56. 戴胜 *Upupa epops*
十三、反嘴鹬科 Recurvirostridae	Ⅹ Ⅵ　䴕形目 PICIFORMES
（三十）长脚鹬属 *Himantopus* Brisson，1760	二十二、啄木鸟科 Picidae
44. 黑翅长脚鹬 *Himantopus himantopus*	（四十二）啄木鸟属 *Dendrocopos* Lacépède，1799
十四、鸥科 Laridae	57. 大斑啄木鸟 *Dendrocopos major*
（三十一）燕鸥属 *Sterna* Linnaeus，1758	（四十三）绿啄木鸟属 *Picus* Linnaeus，1758
45. 普通燕鸥 *Sterna hirundo*	58. 灰头绿啄木鸟 *Picus canus*
（三十二）浮鸥属 *Chlidonias* Rafinesque，1822	Ⅹ Ⅶ　雀形目 PASSERIFORMES
46. 灰翅浮鸥 *Chlidonias hybrida*	二十三、百灵科 Alaudidae
Ⅸ　沙鸡目 PTEROCLIDIFORMES	（四十四）短趾百灵属 *Calandrella* Kaup，1829
十五、沙鸡科 Pteroclididae	59. 短趾百灵 *Calandrella cheleensis*
（三十三）毛腿沙鸡属 *Syrrhaptes* Illiger，1811	（四十五）凤头百灵属 *Galerida* Boie，1828
47. 毛腿沙鸡 *Syrrhaptes paradoxus*	60. 凤头百灵 *Galerida cristata*
Ⅹ　鸽形目 COLUMBIFORMES	二十四、燕科 Hirundinidae
十六、鸠鸽科 Columbidae	（四十六）燕属 *Hirundo* Linnaeus，1758
（三十四）斑鸠属 *Streptopelia* Bonaparte，1855	61. 家燕 *Hirundo rustica*
48. 灰斑鸠 *Streptopelia decaocto*	62. 金腰燕 *Hirundo daurica*
49. 珠颈斑鸠 *Streptopelia chinensis*	（四十七）沙燕属 *Riparia* Forster，1817
Ⅺ　鹃形目 CUCULIFORMES	63. 崖沙燕 *Riparia riparia*
十七、杜鹃科 Cuculidae	二十五、鹡鸰科 Motacillidae
（三十五）杜鹃属 *Cuculus* Linnaeus，1758	（四十八）鹡鸰属 *Motacilla* Linnaeus，1758
50. 大杜鹃 *Cuculus canorus*	64. 黄头鹡鸰 *Motacilla citreola*
Ⅻ　鸮形目 STRIGIFORMES	65. 灰鹡鸰 *Motacilla cinerea*
十八、鸱鸮科 Strigidae	66. 白鹡鸰 *Motacilla alba*
（三十六）雕鸮属 *Bubo* Dumeril，1806	（四十九）鹨属 *Anthus* Bechstein，1805
51. 雕鸮 *Bubo bubo*	67. 树鹨 *Anthus hodgsoni*
（三十七）耳鸮属 *Asio* Brisson，1760	68. 水鹨 *Anthus spinoletta*
52. 长耳鸮 *Asio otus*	二十六、鹎科 Pycnonotidae
（三十八）小鸮属 *Athene* Boie，1822	（五十）鹎属 *Pycnonotus* Gmelin，1789
53. 纵纹腹小鸮 *Athene noctua*	69. 白头鹎 *Pycnonotus sinensis*
Ⅹ Ⅲ　雨燕目 APODIFORMES	二十七、伯劳科 Laniidae
十九、雨燕科 Apodidae	（五十一）伯劳属 *Lanius* Linnaeus，1758

（续）

目/科/属/种	目/科/属/种
70. 红尾伯劳 Lanius cristatus	（六十三）文须雀属 Panurus Koch, 1816
71. 楔尾伯劳 Lanius sphenocercus	85. 文须雀 Panurus biarmicus
二十八、椋鸟科 Sturnidae	**三十三、扇尾莺科 Cisticolidae**
（五十二）椋鸟属 Sturnus Linnaeus, 1758	（六十四）山鹛属 Rhopophilus Giglioli et Salvadori, 1870
72. 灰椋鸟 Sturnus cineraceus	86. 山鹛 Rhopophilus pekinensis
二十九、鸦科 Corvidae	**三十四、莺科 Sylviidae**
（五十三）鹊属 Pica Brisson, 1760	（六十五）苇莺属 Acrocephalus Naumann, 1811
73. 喜鹊 Pica pica	87. 东方大苇莺 Acrocephalus orientalis
（五十四）灰喜鹊属 Cyanopica Bonaparte, 1850	（六十六）柳莺属 Phylloscopus Boie, 1826
74. 灰喜鹊 Cyanopica cyana	88. 黄腰柳莺 Phylloscopus proregulus
（五十五）山鸦属 Pyrrhocorax Tunstall, 1771	**三十五、山雀科 Paridae**
75. 红嘴山鸦 Pyrrhocorax pyrrhocorax	（六十七）山雀属 Parus Linnaeus, 1758
（五十六）鸦属 Corvus Linnaeus, 1758	89. 大山雀 Parus major
76. 小嘴乌鸦 Corvus corone	**三十六、长尾山雀科 Aegithalidae**
77. 达乌里寒鸦 Corvus dauurica	（六十八）长尾山雀属 Aegithalos Hermann, 1804
三十、鹟科 Muscicapidae	90. 北长尾山雀 Aegithalos caudatus
（五十七）鸲属 Tarsiger Hodgson, 1844	91. 银喉长尾山雀 Aegithalos glaucogularis
78. 红胁蓝尾鸲 Tarsiger cyanurus	**三十七、雀科 Passeridae**
（五十八）红尾鸲属 Phoenicurus Forster, 1817	（六十九）麻雀属 Passer Brisson, 1760
79. 北红尾鸲 Phoenicurus auroreus	92. 麻雀 Passer montanus
（五十九）䳭属 Oenanthe Vieillot, 1816	**三十八、燕雀科 Fringillidae**
80. 白顶䳭 Oenanthe hispanica	（七十）金翅雀属 Carduelis Brisson, 1760
（六十）石䳭属 Saxicola Bechstein, 1802	93. 金翅雀 Carduelis sinica
81. 黑喉石䳭 Saxicola torquata	（七十一）燕雀属 Fringilla Linnaeus, 1758
三十一、鸫科 Turdidae	94. 燕雀 Fringilla montifringilla
（六十一）地鸫属 Zoothera Vigors, 1832	**三十九、鹀科 Emberizidae**
82. 虎斑地鸫 Zoothera dauma	（七十二）鹀属 Emberiza Linnaeus, 1758
（六十二）鸫属 Turdus Linnaeus, 1758	95. 三道眉草鹀 Emberiza cioides
83. 赤颈鸫 Turdus ruficollis	96. 小鹀 Emberiza pusilla
84. 斑鸫 Turdus eunomus	97. 苇鹀 Emberiza pallasi
三十二、鸦雀科 Panuridae	

　　保护区鸟类中，非雀形目鸟类有 22 科 43 属 58 种，分别占保护区鸟类总、科属、种的 56.4%、59.7%、59.8%；雀形目鸟类有 17 科 29 属 39 种，分别占保护区鸟类总科、属、种的 43.6%、40.3%、40.2%。保护区鸟类组成复杂多样，既有雀形目鸟类为主的鸣禽，又有雁鸭类和鸻鹬类等为主的水禽，也有鹰隼和猫头鹰为主的猛禽等，这与保护区景观和植被类型丰富多样而复杂有密切的关系。非雀形目鸟类以水禽为主，雁形目、鸻形目、鹳形目等湿地水禽共有 33 种，占保护区非雀形目鸟类总种数的 56.90%。说明保护区及周边区域湖泊、河流和水库等湿地生态环境对诸多水禽的繁殖和迁徙路过提供重要栖息条件。保护区内隼形目和鸮形目等猛禽共有 13 种，占保护区非雀形目鸟类总种数的 22.41%，应加强保护管理这些珍稀濒危鸟类，提供或保障更好

的栖息条件。白芨滩国家级自然保护区鸟类组成比例见表4-7。

表4-7　白芨滩国家级自然保护区鸟类组成比例

目	种数	占保护区鸟类总种数百分比（%）	目	种数	占保护区鸟类总种数百分比（%）
鹏鹏目	3	3.09	鸽形目	2	2.06
鹈形目	1	1.03	鹃形目	1	1.03
鹳形目	6	6.18	鸮形目	3	3.09
雁形目	10	10.31	雨燕目	1	1.03
隼形目	10	10.31	佛法僧目	1	1.03
鸡形目	3	3.09	戴胜目	1	1.03
鹤形目	3	3.09	䴕形目	2	2.06
鸻形目	10	10.31	雀形目	39	40.21
沙鸡目	1	1.03			

4.1.1.4　哺乳动物

保护区哺乳动物有6目12科20属22种（表4-8），分别占保护区陆栖野生脊椎动物总目、科、属、种数的24.0%、21.4%、20.2%和17.1%，成为保护区重要的野生动物类群。保护区哺乳动物目、科和种数分别占宁夏回族自治区哺乳动物总目、科和种数的100.0%、60.0%和25.9%，在宁夏回族自治区哺乳动物多样性的保护和基础研究中占据一定地位。

表4-8　白芨滩国家级自然保护区哺乳动物种类组成

目/科/属/种	目/科/属/种
Ⅰ　猬形目 ERINACEOMORPHA	（五）黄鼠属 Citellus Oken, 1816
一、猬科 Erinaceidae	5. 达乌尔黄鼠 Citellus dauricus
（一）林猬属 Mesechinus Ognev, 1951	六、跳鼠科 Dipodidae
1. 达乌尔猬 Mesechinus dauricus	（六）三趾跳鼠属 Dipus Zimmermann, 1780
Ⅱ　鼩形目 SORICOMORPHA	6. 三趾跳鼠 Dipus sagitta
二、鼹科 Talpidae	（七）五趾跳鼠属 Allactaga Cuvier, 1836
（二）麝鼹属 Scaptochirus Milne-Edwards, 1867	7. 五趾跳鼠 Allactaga sibirica
2. 麝鼹 Scaptochirus moschatus	七、仓鼠科 Cricetidae
Ⅲ　翼手目 CHIROPTERA	（八）沙鼠属 Meriones Illiger, 1811
三、蝙蝠科 Vespertilionidae	8. 长爪沙鼠 Meriones unguiculatus
（三）蝙蝠属 Vespertilio Linnaeus, 1758	（九）鼢鼠属 Myospalax Laxmann, 1769
3. 普通蝙蝠 Vespertilio murinus	9. 中华鼢鼠 Myospalax fontanieri
Ⅳ　兔形目 LAGOMORPHA	（十）田鼠属 Microtus Schrank, 1798
四、兔科 Leporidae	10. 东方田鼠 Microtus fortis
（四）兔属 Lepus Linnaeus, 1758	（十一）麝鼠属 Ondatra Link, 1759
4. 托氏兔 Lepus tolai	11. 麝鼠 Ondatra zibethica
Ⅴ　啮齿目 RODENTIA	八、鼠科 Muridae
五、松鼠科 Sciuridae	（十二）家鼠属 Rattus Fischer, 1803

（续）

目/科/属/种	目/科/属/种
12. 褐家鼠 *Rattus norvegicus*	17. 虎鼬 *Vormela peregusna*
（十三）小鼠属 *Mus* Linnaeus, 1758	（十七）狗獾属 *Meles* Brisson, 1762
13. 小家鼠 *Mus musculus*	18. 狗獾 *Meles leucurus*
Ⅵ 食肉目 CARNIVORA	（十八）猪獾属 *Arctonyx* F. Cuvier, 1825
九、犬科 Canidae	19. 猪獾 *Arctonyx collaris*
（十四）狐属 *Vulpes* Oken, 1816	十一、猫科 Felidae
14. 赤狐 *Vulpes vulpes*	（十九）猫属 *Felis* Linnaeus, 1758
15. 沙狐 *Vulpes corsac*	20. 荒漠猫 *Felis bieti*
十、鼬科 Mustelidae	21. 兔狲 *Felis manul*
（十五）鼬属 *Mustela* Linnaeus, 1758	十二、灵猫科 Viverridae
16. 黄鼬 *Mustela sibirica*	（二十）花面狸属 *Paguma* Gray, 1831
（十六）虎鼬属 *Vormela* Blasius, 1884	22. 花面狸 *Paguma larvata*

保护区内哺乳动物以啮齿目和食肉目动物为主，各有 4 科 9 种，分别占保护区哺乳动物总科数和种数的 33.3% 和 40.9%。其余 4 个目科数和种数都比较少，各有 1 科 1 种（表 4-9）。

表 4-9 白芨滩国家级自然保护区哺乳动物目、科、种数统计

目	科	种数	
		各科种数	各目种数
猬形目	猬科	1	1
鼩形目	鼹科	1	1
翼手目	蝙蝠科	1	1
兔形目	兔科	1	1
啮齿目	松鼠科	1	9
	跳鼠科	2	
	仓鼠科	4	
	鼠科	2	
食肉目	犬科	2	9
	鼬科	4	
	猫科	2	
	灵猫科	1	

4.1.2 区系统计分析

4.1.2.1 保护区内所有动物区系

白芨滩国家级自然保护区在动物地理区划中属于古北界，具体位于华北区黄土高原亚区和蒙新区西部荒漠亚区的过渡地带。保护区观察记录的陆栖野生脊椎动物共有 129 种。区系从属关系和分布型见表 4-10。

表 4-10 白芨滩国家级自然保护区陆栖野生脊椎动物区系组成

物种	区系从属关系	分布型
1. 花背蟾蜍 *Bufo raddei*	古北种	东北 – 华北型
2. 黑斑蛙 *Rana nigromaculata*	东洋种	季风型
3. 草原沙蜥 *Phrynocephalus frontalis*	古北种	草原型
4. 荒漠沙蜥 *Phrynocephalus przewalskii*	古北种	草原型
5. 密点麻蜥 *Eremias multiocellata*	古北种	中亚型
6. 丽斑麻蜥 *Eremias argus*	古北种	东北 – 华北型
7. 荒漠麻蜥 *Eremias przewalskii*	古北种	中亚型
8. 黄脊游蛇 *Coluber spinalis*	广布种	古北型
9. 白条锦蛇 *Elaphe dione*	古北种	古北型
10. 虎斑颈槽蛇 *Rhabdophis tigrina*	古北种	季风型
11. 小䴙䴘 *Tachybaptus ruficollis*	东洋种	东洋型
12. 凤头䴙䴘 *Podiceps cristatus*	古北种	古北型
13. 黑颈䴙䴘 *Podiceps nigricollis*	古北种	古北型
14. 普通鸬鹚 *Phalacrocorax carbo*	广布种	古北型
15. 苍鹭 *Ardea cinerea*	广布种	古北型
16. 草鹭 *Ardea purpurea*	广布种	古北型
17. 大白鹭 *Egretta alba*	广布种	不易归类
18. 夜鹭 *Nycticorax nycticorax*	广布种	古北型
19. 黄苇鳽 *Ixobrychus sinensis*	东洋种	东洋型
20. 白琵鹭 *Platalea leucorodia*	广布种	古北型
21. 小天鹅 *Cygnus columbianus*	古北种	全北型
22. 灰雁 *Anser anser*	广布种	古北型
23. 赤麻鸭 *Tadorna ferruginea*	广布种	古北型
24. 赤膀鸭 *Anas strepera*	古北种	古北型
25. 绿头鸭 *Anas platyrhynchos*	古北种	全北型
26. 斑嘴鸭 *Anas poecilorhyncha*	东洋种	东洋型
27. 琵嘴鸭 *Anas clypeata*	古北种	全北型
28. 白眼潜鸭 *Aythya nyroca*	古北种	古北型
29. 红头潜鸭 *Aythya ferina*	古北种	古北型
30. 赤嘴潜鸭 *Netta rufina*	古北种	全北型
31. 秃鹫 *Aegypius monachus*	广布种	古北型
32. 短趾雕 *Circaetus gallicus*	古北种	不易归类
33. 白尾鹞 *Circus cyaneus*	古北种	全北型
34. 雀鹰 *Accipiter nisus*	广布种	古北型
35. 苍鹰 *Accipiter gentilis*	广布种	全北型
36. 普通鵟 *Buteo buteo*	古北种	古北型
37. 大鵟 *Buteo hemilasius*	广布种	中亚型
38. 红脚隼 *Falco amurensis*	广布种	古北型
39. 红隼 *Falco tinnunculus*	广布种	古北型
40. 猎隼 *Falco cherrug*	古北种	全北型

（续）

物种	区系从属关系	分布型
41. 环颈雉 *Phasianus colchicus*	广布种	古北型
42. 斑翅山鹑 *Perdix dauuricae*	古北种	中亚型
43. 石鸡 *Alectoris chukar*	古北种	中亚型
44. 骨顶鸡 *Fulica atra*	古北种	古北型
45. 黑水鸡 *Gallinula chloropus*	古北种	古北型
46. 大鸨 *Otis tarda*	古北种	古北型
47. 灰头麦鸡 *Vanellus cinereus*	古北种	全北型
48. 凤头麦鸡 *Vanellus vanellus*	古北种	古北型
49. 金眶鸻 *Charadrius dubius*	广布种	古北型
50. 鹤鹬 *Tringa erythropus*	古北种	古北型
51. 红脚鹬 *Tringa totanus*	广布种	古北型
52. 白腰草鹬 *Tringa ochropus*	古北种	古北型
53. 泽鹬 *Tringa stagnatilis*	古北种	古北型
54. 黑翅长脚鹬 *Himantopus himantopus*	古北种	古北型
55. 普通燕鸥 *Sterna hirundo*	广布种	全北型
56. 灰翅浮鸥 *Chlidonias hybrida*	古北种	古北型
57. 毛腿沙鸡 *Syrrhaptes paradoxus*	古北种	中亚型
58. 灰斑鸠 *Streptopelia decaocto*	东洋种	东洋型
59. 珠颈斑鸠 *Streptopelia chinensis*	东洋种	东洋型
60. 大杜鹃 *Cuculus canorus*	广布种	古北型
61. 雕鸮 *Bubo bubo*	广布种	古北型
62. 长耳鸮 *Asio otus*	古北种	全北型
63. 纵纹腹小鸮 *Athene noctua*	广布种	古北型
64. 楼燕 *Apus apus*	广布种	古北型
65. 普通翠鸟 *Alcedo atthis*	广布种	古北型
66. 戴胜 *Upupa epops*	广布种	古北型
67. 灰头绿啄木鸟 *Picus canus*	广布种	古北型
68. 大斑啄木鸟 *Dendrocopos major*	广布种	古北型
69. 短趾百灵 *Calandrella cheleensis*	古北种	古北型
70. 凤头百灵 *Galerida cristata*	古北种	古北型
71. 家燕 *Hirundo rustica*	广布种	全北型
72. 金腰燕 *Hirundo daurica*	广布种	古北型
73. 崖沙燕 *Riparia riparia*	广布种	全北型
74. 黄头鹡鸰 *Motacilla citreola*	古北种	古北型
75. 灰鹡鸰 *Motacilla cinerea*	古北种	古北型
76. 白鹡鸰 *Motacilla alba*	广布种	古北型
77. 树鹨 *Anthus hodgsoni*	广布种	东北型
78. 水鹨 *Anthus spinoletta*	古北种	全北型
79. 白头鹎 *Pycnonotus sinensis*	东洋种	南中国型
80. 红尾伯劳 *Lanius cristatus*	古北种	东北 – 华北型
81. 楔尾伯劳 *Lanius sphenocercus*	广布种	全北型

（续）

物种	区系从属关系	分布型
82. 灰椋鸟 *Sturnus cineraceus*	古北种	东北－华北型
83. 喜鹊 *Pica pica*	广布种	全北型
84. 灰喜鹊 *Cyanopica cyana*	广布种	古北型
85. 红嘴山鸦 *Pyrrhocorax pyrrhocorax*	广布种	不易归类
86. 小嘴乌鸦 *Corvus corone*	古北种	全北型
87. 达乌里寒鸦 *Corvus dauurica*	广布种	古北型
88. 红胁蓝尾鸲 *Tarsiger cyanurus*	广布种	东北型
89. 北红尾鸲 *Phoenicurus auroreus*	广布种	东北型
90. 白顶䳭 *Oenanthe hispanica*	广布种	中亚型
91. 黑喉石䳭 *Saxicola torquata*	广布种	古北型
92. 虎斑地鸫 *Zoothera dauma*	广布种	古北型
93. 赤颈鸫 *Turdus ruficollis*	古北种	古北型
94. 斑鸫 *Turdus eunomus*	古北种	东北型
95. 文须雀 *Panurus biarmicus*	古北种	古北型
96. 山鹛 *Rhopophilus pekinensis*	广布种	古北型
97. 东方大苇莺 *Acrocephalus orientalis*	古北种	不易归类
98. 黄腰柳莺 *Phylloscopus proregulus*	广布种	古北型
99. 大山雀 *Parus major*	广布种	古北型
100. 北长尾山雀 *Aegithalos caudatus*	古北种	古北型
101. 银喉长尾山雀 *Aegithalos glaucogularis*	广布种	古北型
102. 麻雀 *Passer montanus*	广布种	古北型
103. 金翅雀 *Carduelis sinica*	广布种	东北型
104. 燕雀 *Fringilla montifringilla*	古北种	古北型
105. 三道眉草鹀 *Emberiza cioides*	广布种	东北型
106. 小鹀 *Emberiza pusilla*	古北种	古北型
107. 苇鹀 *Emberiza pallasi*	古北种	东北型
108. 达乌尔猬 *Mesechinus dauricus*	古北种	中亚型
109. 麝鼹 *Scaptochirus moschatus*	广布种	华北型
110. 普通蝙蝠 *Vespertilio murinus*	广布种	古北型
111. 托氏兔 *Lepus tolai*	广布种	不易归类
112. 达乌尔黄鼠 *Citellus dauricus*	古北种	中亚型
113. 三趾跳鼠 *Dipus sagitta*	古北种	中亚型
114. 五趾跳鼠 *Allactaga sibirica*	古北种	中亚型
115. 长爪沙鼠 *Meriones unguiculatus*	古北种	中亚型
116. 中华鼢鼠 *Myospalax fontanieri*	广布种	华北型
117. 东方田鼠 *Microtus fortis*	古北种	季风型
118. 麝鼠 *Ondatra zibethica*	古北种	古北型
119. 褐家鼠 *Rattus norvegicus*	广布种	古北型
120. 小家鼠 *Mus musculus*	广布种	古北型
121. 赤狐 *Vulpes vulpes*	广布种	全北型
122. 沙狐 *Vulpes corsac*	古北种	中亚型

（续）

物种	区系从属关系	分布型
123. 黄鼬 *Mustela sibirica*	广布种	古北型
124. 虎鼬 *Vormela peregusna*	古北种	中亚型
125. 狗獾 *Meles leucurus*	广布种	古北型
126. 猪獾 *Arctonyx collaris*	东洋种	东洋型
127. 荒漠猫 *Felis bieti*	古北种	中亚型
128. 兔狲 *Felis manul*	古北种	中亚型
129. 花面狸 *Paguma larvata*	东洋种	东洋型

从区系从属关系上，白芨滩国家级自然保护区 129 种陆栖野生脊椎动物中：主要在古北界或全北界分布繁殖的古北种有 62 种，占保护区陆栖野生脊椎动物总种数的48.06%；在全北界或其他界广泛分布繁殖的广布种有 58 种，占保护区陆栖野生脊椎动物总种数的 44.96%；主要在东洋界分布繁殖的东洋种有 9 种，占保护区陆栖野生脊椎动物总种数的 6.98%（表 4-11）。由此可以看出，保护区陆栖野生脊椎动物区系组成主要以古北种和广布种为主，个别少数物种是东洋种，所占比例很少。

表 4-11　白芨滩国家级自然保护区陆栖野生脊椎动物区系成分统计

区系从属关系	种数	比例（%）
古北种	62	48.06
广布种	58	44.96
东洋种	9	6.98

根据《中国动物地理》中野生动物分布类型划分方法（张荣祖，1999），白芨滩国家级自然保护区 129 种陆栖野生脊椎动物分属于古北型、全北型、中亚型、东北型、东洋型、东北 - 华北型、季风型、草原型、华北型、南中国型和不易归类 11 个地理成分（表 4-12）。其中古北型成分占绝对优势，共有 65 种，占保护区陆栖野生脊椎动物总种数（129 种）的 50.39%；其次是全北型 17 种，占保护区陆栖野生脊椎动物总种数的13.18%；再次是中亚型 16 种，占保护区陆栖野生脊椎动物总种数的 12.40%；东北型7 种，东北 - 华北型 4 种，也占据一定比例。动物分布区发生不断的变化，东洋型 7 种和季风型 3 种的分布区也扩散到北方干旱荒漠地区。总之，保护区陆栖野生脊椎动物的分布类型复杂多样而丰富，以古北型为主，全北型和中亚型也占据重要部分，不仅有东北型和华北型，而且也有东洋型和季风型，甚至有南中国型的物种，较好地体现出古北界华北区黄土高原亚区和蒙新区西部荒漠亚区过渡地带的动物分布特征。

表 4-12　白芨滩国家级自然保护区陆栖脊椎动物分布型统计

分布型	种数	比例（%）
古北型	65	50.39
全北型	17	13.18
中亚型	16	12.40
东北型	7	5.43

（续）

分布型	种数	比例（%）
东洋型	7	5.43
不易归类	5	3.88
东北—华北型	4	3.10
季风型	3	2.33
草原型	2	1.55
华北型	2	1.55
南中国型	1	0.78

4.1.2.2 哺乳动物区系

白芨滩国家级自然保护区哺乳动物共记录22种，其中古北种有11种，占保护区哺乳动物总种数的50.00%；广布种有9种，占保护区哺乳动物总种数的40.91%；东洋种有2种，占保护区哺乳动物总种数的9.09%。猪獾和花面狸属于东洋种，分布型也属于东洋型。

哺乳动物分布型分属于中亚型、古北型、华北型、东洋型、全北型、季风型和不易归类7个地理成分。其中，中亚型9种，占保护区哺乳动物总种数的40.91%；古北型6种，占保护区哺乳动物总种数的27.27%；华北型和东洋型各有2种，分别占保护区哺乳动物总种数的9.09%；全北型赤狐、季风型东方田鼠和不易归类托氏兔各有1种，分别占保护区兽类总种数的4.55%。

4.1.2.3 鸟类区系

白芨滩国家级自然保护区鸟类共记录97种，其中古北种有43种，占保护区鸟类总种数的44.33%；广布种有48种，占保护区鸟类总种数的49.48%；东洋种有6种，占保护区鸟类总种数的6.19%。由此可以看出，保护区鸟类区系组成以古北种和广布种为主，共有91种，占保护区鸟类总种数的93.81%。小鹀鹀、黄苇鳽、斑嘴鸭、灰斑鸠、珠颈斑鸠和白头鹎6种东洋种分布于保护区境内，说明这些鸟类的分布繁殖区域不断往北方扩大，其中灰斑鸠和珠颈斑鸠成为保护区留鸟。

鸟类分布型分属于古北型、全北型、东北型、东洋型、中亚型、东北－华北型、南中国型和不易归类8个地理成分。其中，古北型57种，占保护区鸟类总种数的58.76%；全北型16种，占保护区鸟类总种数的16.49%；中亚型和东洋型各有5种，分别占保护区鸟类总种数的5.15%；东北型7种，东北－华北型2种，也占据一定比例。属于南中国型的白头鹎的分布区也往北扩展到该保护区林地环境，而且种群数量也比较多。由此可以看出，保护区鸟类分布类型复杂多样，以古北型为主，全北型和中亚型也占据重要成分，不仅有东北型和东北－华北型，而且也有东洋型，甚至有南中国型的鸟类，反映出华北区和蒙新区相互交叉的鸟类分布特征和有些鸟类的分布区往北方地区扩展的变化特征。

4.1.2.4 两栖爬行动物区系

白芨滩国家级自然保护区两栖爬行动物共记录10种，其中古北种有8种，占保护区两栖爬行动物总种数的80%；广布种有1种（黄脊游蛇），占保护区两栖爬行动物总种数的 10%；东洋种有 1 种（黑斑蛙），占保护区两栖爬行动物总种数的 10%。由此可以看出，保护区两栖爬行动物区系组成以古北种为主。

两栖爬行动物分布型分属于古北型、中亚型、草原型、东北-华北型、季风型 5 个地理成分，物种的分布也比较均匀，各有 2 种，分别占保护区两栖爬行动物总种数的 20%。季风型的 2 种，即黑斑蛙和虎斑颈槽蛇也分布于保护区境内，其中虎斑颈槽蛇在盐碱湿地中较多见，黑斑蛙相对少见。

4.2 脊椎动物物种及其分布

白芨滩国家级自然保护区陆栖野生脊椎动物资源的实地调查期间，除了采用样线法、定点观察法和痕迹法等统计记录动物种类和分布特征外，还采用了访问、访谈法来记录野生动物种类、名称和生态分布等情况。在对保护区管理人员和社区居民进行多次访问、访谈的基础上，参考《宁夏脊椎动物志》（王香亭，1990）所记载，对保护区多数野生动物地方名进行记录整理，这对于保护区管理人员和社区居民对野生动物的进一步认识和更好地保护具有重要作用。

调查区域涉及保护区不同管理区域、不同功能区划、不同地形地貌和植被类型，包括长流水管理站周围树林、长流水沟谷及水库、三岔沟、荒漠草原和沙丘，甜水河管理站周围树林、贼沟门河流和树林，大泉管理站果园树林、渔湖、周围固定沙丘，白芨滩管理站周围树林、四号水库，马鞍山管理站周围树林、甘露寺荒漠草原等主要管理辖区和圆疙瘩湖、鸳鸯湖、灵武市西湖公园、世界枣树博览园等保护区周边湖泊湿地和社区居民点。考察生境类型可分为荒漠草原、沙地、湿地、林地和居民点 5 种类型。

4.2.1 哺乳动物

本次野外考察共记录到哺乳动物 22 种，搜集整理了 49 条动物地方名。22 种哺乳动物均有地方名，其中有些物种的地方名与物种中文名（教学科研上通用的汉名）一致，但多数动物的地方名与中文名称不一致，有些物种有几种地方名。

保护区荒漠草原、沙地、湿地、林地和居民点 5 种生境类型中，在荒漠草原生境中所分布的哺乳动物种类为最多，有 15 种，占保护区哺乳动物总种数的 68.2%；其次为沙地生境，有 10 种，占保护区哺乳动物总种数的 45.5%；再次为林地生境，有 6 种，占保护区哺乳动物总种数的 27.3%；湿地和居民点两种生境的野生哺乳动物较少。保护区哺乳动物的种名、地方名和生态分布见表 4-13。

表 4-13 白芨滩国家级自然保护区哺乳动物名称及生态分布

种名	地方名	生态分布				
		荒漠草原	沙地	湿地	林地	居民点
达乌尔猬 *Mesechinus dauricus*	棘猬	+	+			
麝鼹 *Scaptochirus moschatus*	翻掌、翻手手	+	+			
普通蝠蝠 *Vespertilio murinus*	蝙蝠					+

（续）

种名	地方名	生态分布				
		荒漠草原	沙地	湿地	林地	居民点
托氏兔 *Lepus tolai*	草兔、野兔	+	+		+	
达乌尔黄鼠 *Citellus dauricus*	黄鼠	+	+			
三趾跳鼠 *Dipus sagitta*	跳鼠、跳鼠、三趾跳兔		+			
五趾跳鼠 *Allactaga sibirica*	跳鼠、跳兔	+				
长爪沙鼠 *Meriones unguiculatus*	沙老鼠、沙土鼠、黄老鼠	+				
中华鼢鼠 *Myospalax fontanieri*	瞎瞎、瞎老鼠	+				
东方田鼠 *Microtus fortis*	沼泽田鼠、大田鼠			+		
麝鼠 *Ondatra zibethica*	水老鼠			+		
褐家鼠 *Rattus norvegicus*	大家鼠、沟鼠、黑老鼠					+
小家鼠 *Mus musculus*	咪尖子、鼷鼠、小鼠				+	+
赤狐 *Vulpes vulpes*	狐狸、石狐子、草狐	+	+		+	
沙狐 *Vulpes corsac*	狐狸、沙狐子、狐子	+	+			
黄鼬 *Mustela sibirica*	黄鼠狼、黄狼、黄皮子	+			+	
虎鼬 *Vormela peregusna*	花地狗、臭狗子	+				
狗獾 *Meles leucurus*	狗獾、獾子	+			+	
猪獾 *Arctonyx collaris*	獾子、沙獾、土猪	+				
荒漠猫 *Felis bieti*	漠猫、野猫	+	+			
兔狲 *Felis manul*	野猫、羊猞猁	+	+			
花面狸 *Paguma larvata*	果子狸、白鼻猫、玉面狸		+		+	

4.2.2　鸟类

　　本次野外考察共记录到鸟类 97 种，搜集整理了 76 种鸟类的 130 条地方名。其中有些鸟类的地方名与物种中文名（教学科研上通用的汉名）很接近，但多数地方名与中文名称不一致，有些鸟类有好几种地方名。未搜集记录到地方名的鸟类有 21 种，需要在今后的调查研究中进一步补充完善。

　　保护区荒漠草原、沙地、湿地、林地和居民点 5 种生境类型中，在湿地生境中分布的鸟类最多，有 56 种，占保护区鸟类总种数的 57.73%；其次为林地生境，有 42种，占保护区鸟类总种数的 43.30%；再次为荒漠草原生境，有 30 种，占保护区鸟类总种数的 30.93%；居民点和沙地两种生境分布的鸟类较少，分别有 17 种和 15 种，分别占保护区鸟类总种数的 17.53% 和 15.46%。由此可以看出，保护区鸟类多样性的保护工作中湿地和林地生境的生态建设和有效保护管理非常重要，原有荒漠草原和沙地生境自然植被的恢复和永续保护也具有重要意义。

　　调查记录到的 97 种鸟类中，夏候鸟 56 种，旅鸟 20 种，留鸟 20 种，冬候鸟只有赤颈鸫 1 种，分别占保护区鸟类总种数的 57.73%、20.62%、20.62% 和 1.03%。在繁殖季节，鸟类能否在保护区及周边区域筑巢繁殖，是保护区在鸟类多样性保护工作中能否发挥避难所作用的重要体现。保护区繁殖鸟（夏候鸟 + 留鸟）共 76 种，占保护区鸟类总种数的 78.35%。保护区鸟类的地方名、生态分布和居留型见表 4-14。

表 4-14 白芨滩国家级自然保护区鸟类名称、生态分布及居留型

中文名和拉丁学名	地方名	生态分布					居留型
		荒漠草原	沙地	湿地	林地	居民点	
小䴙䴘 Tachybaptus ruficollis	水葫芦			+			夏
凤头䴙䴘 Podiceps cristatus				+			夏
黑颈䴙䴘 Podiceps nigricollis				+			旅
普通鸬鹚 Phalacrocorax carbo	鱼鹰、水老鸦			+			夏
苍鹭 Ardea cinerea	老等、青桩			+			夏
草鹭 Ardea purpurea	长脖老等、黄桩			+			夏
大白鹭 Egretta alba	白鹭、白鹳、鹭			+			夏
夜鹭 Nycticorax nycticorax	水洼子			+			夏
黄苇鳽 Ixobrychus sinensis	水骆驼			+			夏
白琵鹭 Platalea leucorodia	白鹭			+			夏
小天鹅 Cygnus columbianus	天鹅			+			旅
灰雁 Anser anser	红嘴雁			+			旅
赤麻鸭 Tadorna ferruginea	黄鸭			+			旅
赤膀鸭 Anas strepera	野鸭			+			旅
绿头鸭 Anas platyrhynchos	大绿头、大红腿			+			旅
斑嘴鸭 Anas poecilorhyncha	麦鸭			+			旅
琵嘴鸭 Anas clypeata	琵琶嘴鸭			+			旅
白眼潜鸭 Aythya nyroca	野鸭			+			旅
红头潜鸭 Aythya ferina	红头鸭、野鸭			+			旅
赤嘴潜鸭 Netta rufina	野鸭			+			夏
秃鹫 Aegypius monachus	狗头雕、座山雕、秃鹰	+					夏
短趾雕 Circaetus gallicus	老鹰	+		+			旅
白尾鹞 Circus cyaneus	鹞子、鸡鹭			+			夏
雀鹰 Accipiter nisus	鹞子、细胸				+		夏
苍鹰 Accipiter gentilis	老鹰				+		旅
普通鵟 Buteo buteo	老鹰	+			+		夏
大鵟 Buteo hemilasius	花豹、老鹰	+	+				夏
红脚隼 Falco amurensis	青燕子、蚂孔鹰	+	+	+	+	+	夏
红隼 Falco tinnunculus	茶隼、红鹰、黄鹰	+		+	+		夏
猎隼 Falco cherrug	兔虎、白鹰、突鹘	+					夏
环颈雉 Phasianus colchicus	七彩山鸡、野鸡	+	+	+	+		留
斑翅山鹑 Perdix dauuricae	野鹌鹑、斑鸡子、麻鸡	+	+				留
石鸡 Alectoris chukar	呱呱鸡、嘎啦鸡、麻鸡	+	+				留
骨顶鸡 Fulica atra	白骨顶、水骨顶、水姑			+			夏
黑水鸡 Gallinula chloropus	水鸡、红额黑水鸡、红骨顶			+			夏
大鸨 Otis tarda	地鸨	+					旅

（续）

中文名和拉丁学名	地方名	生态分布					居留型
		荒漠草原	沙地	湿地	林地	居民点	
灰头麦鸡 *Vanellus cinereus*	赖鸡毛子			+			夏
凤头麦鸡 *Vanellus vanellus*	赖鸡毛子、水田鸡			+			旅
金眶鸻 *Charadrius dubius*	黑领鸻			+			夏
鹤鹬 *Tringa erythropus*				+			旅
红脚鹬 *Tringa totanus*				+			旅
白腰草鹬 *Tringa ochropus*				+			夏
泽鹬 *Tringa stagnatilis*				+			旅
黑翅长脚鹬 *Himantopus himantopus*	长脚娘子			+			夏
普通燕鸥 *Sterna hirundo*	鸥、燕鸥			+			夏
灰翅浮鸥 *Chlidonias hybrida*	鸥			+			夏
毛腿沙鸡 *Syrrhaptes paradoxus*	沙鸡子	+	+				留
灰斑鸠 *Streptopelia decaocto*	斑鸠	+		+	+	+	留
珠颈斑鸠 *Streptopelia chinensis*	花斑鸠				+		留
大杜鹃 *Cuculus canorus*	杜鹃、布谷鸟、喀咕、郭公			+	+	+	夏
雕鸮 *Bubo bubo*	猫头鹰、信户	+			+		夏
长耳鸮 *Asio otus*	猫头鹰、信户				+		夏
纵纹腹小鸮 *Athene noctua*	小猫头鹰	+			+	+	留
楼燕 *Apus apus*	土燕子、北京雨燕					+	夏
普通翠鸟 *Alcedo atthis*	叼鱼郎儿			+			夏
戴胜 *Upupa epops*	臭咕咕	+	+	+	+	+	夏
灰头绿啄木鸟 *Picus canus*	啄木鸟				+		留
大斑啄木鸟 *Dendrocopos major*	花奔打木				+		留
短趾百灵 *Calandrella cheleensis*		+	+				留
凤头百灵 *Galerida cristata*	老古呆呆、凤头阿兰	+	+				留
家燕 *Hirundo rustica*	燕子					+	夏
金腰燕 *Hirundo daurica*	赤腰燕、黄腰燕、燕子					+	夏
崖沙燕 *Riparia riparia*	土燕子、水燕子	+	+	+			夏
黄头鹡鸰 *Motacilla citreola*				+			夏
灰鹡鸰 *Motacilla cinerea*	点水雀、摇尾巴雀			+			夏
白鹡鸰 *Motacilla alba*	点水雀、白脸点水雀			+	+	+	夏
树鹨 *Anthus hodgsoni*	地麻雀				+		夏
水鹨 *Anthus spinoletta*				+			夏
白头鹎 *Pycnonotus sinensis*					+		夏
红尾伯劳 *Lanius cristatus*	小马伯劳、鹰不叼	+		+	+	+	夏
楔尾伯劳 *Lanius sphenocercus*	双查子	+	+	+	+	+	留
灰椋鸟 *Sturnus cineraceus*	燕抓拉、灰拌儿			+	+	+	夏
喜鹊 *Pica pica*	鸦鹊、客鹊、麻野鹊	+	+	+	+	+	留
灰喜鹊 *Cyanopica cyana*	灰麻野鹊、灰鹊				+		夏
红嘴山鸦 *Pyrrhocorax pyrrhocorax*	红嘴乌鸦、红嘴山老鸹	+					留

（续）

中文名和拉丁学名	地方名	生态分布					居留型
		荒漠草原	沙地	湿地	林地	居民点	
小嘴乌鸦 *Corvus corone*	黑老鸹	+			+	+	留
达乌里寒鸦 *Corvus dauurica*	嘎哇子、小山老鸹	+			+	+	留
红胁蓝尾鸲 *Tarsiger cyanurus*				+	+		夏
北红尾鸲 *Phoenicurus auroreus*	火燕			+	+		夏
白顶鵖 *Oenanthe hispanica*		+	+				夏
黑喉石鵖 *Saxicola torquata*		+	+				夏
虎斑地鸫 *Zoothera dauma*		+			+		夏
赤颈鸫 *Turdus ruficollis*	沙枣雀、沙枣鸟、串树林、红喉鸫				+		冬
斑鸫 *Turdus eunomus*	沙枣雀、沙枣鸟、串树林				+		旅
文须雀 *Panurus biarmicus*				+			夏
山鹛 *Rhopophilus pekinensis*					+		夏
东方大苇莺 *Acrocephalus orientalis*	嘎嘎叽			+			夏
黄腰柳莺 *Phylloscopus proregulus*					+		夏
大山雀 *Parus major*	呼伯、呼呼黑、白脸山雀				+		留
北长尾山雀 *Aegithalos caudatus*					+		夏
银喉长尾山雀 *Aegithalos glaucogularis*					+		留
麻雀 *Passer montanus*	麻雀	+	+	+	+	+	留
金翅雀 *Carduelis sinica*	金翅子				+	+	留
燕雀 *Fringilla montifringilla*					+		旅
三道眉草鹀 *Emberiza cioides*	三道眉			+	+		夏
小鹀 *Emberiza pusilla*		+			+		旅
苇鹀 *Emberiza pallasi*					+		夏

4.2.3　两栖爬行动物

本次野外考察共记录到两栖爬行动物 10 种，其中两栖动物 2 种，爬行动物 8 种。搜集记录到地方名 14 条，多数地方名与中文名不一致，反映出保护区及周边区域居民对这些动物民间知识的丰富性。

保护区荒漠草原、沙地、湿地、林地和居民点 5 种生境类型中，在荒漠草原生境中所分布的两栖爬行动物有 7 种，占保护区两栖爬行动物总种数的 70%；沙地、湿地和林地生境各有 3 种，分别占保护区两栖爬行动物总种数的 30 %；居民点分布的两栖爬行动物仅有 2 种。保护区两栖爬行动物的地方名及生态分布见表 4-15。

表 4-15　白芨滩国家级自然保护区两栖爬行动物名称及生态分布

种名	地方名	生态分布				
		荒漠草原	沙地	湿地	林地	居民点
花背蟾蜍 *Bufo raddei*	癞蛤蟆			+		+
黑斑蛙 *Rana nigromaculata*	青蛙			+		
草原沙蜥 *Phrynocephalus frontalis*	沙坡坡、榆林沙蜥	+	+			
荒漠沙蜥 *Phrynocephalus przewalskii*	沙和尚	+	+			

（续）

种名	地方名	生态分布				
		荒漠草原	沙地	湿地	林地	居民点
密点麻蜥 *Eremias multiocellata*	蛇虫子、四脚蛇	+				
丽斑麻蜥 *Eremias argus*	四脚蛇	+				
荒漠麻蜥 *Eremias przewalskii*	麻蛇子	+	+			
黄脊游蛇 *Coluber spinalis*	麻蛇、黄脊蛇	+			+	
白条锦蛇 *Elaphe dione*	长虫、麻蛇	+			+	+
虎斑颈槽蛇 *Rhabdophis tigrina*	草蛇			+	+	

4.3 珍稀濒危及重要保护野生动物

依据国内和国际相关的野生动物保护等级名录，对白芨滩国家级自然保护区 129 种陆栖野生脊椎动物进行统计，确定其中属于国家重点保护野生动物、《中国濒危动物红皮书》物种、《濒危野生动植物种国际贸易公约（CITES）》附录物种、《国际自然保护联盟（IUCN）濒危物种红色名录》物种、《有重要生态、科学、社会价值的陆生野生动物名录》物种、《中日候鸟保护协定》鸟类、《中澳候鸟保护协定》鸟类、宁夏回族自治区重点保护野生动物的野生动物名录见表 4-16。

表 4-16 白芨滩国家级自然保护区珍稀濒危及重要保护野生动物名录

物种	国家重点保护和《中国濒危动物红皮书》	CITES 和《IUCN 濒危物种红色名录》	"三有动物"	中日和中澳保护协定	宁夏重点保护动物
花背蟾蜍 *Bufo raddei*			+		+
黑斑蛙 *Rana nigromaculata*		NT	+		
草原沙蜥 *Phrynocephalus frontalis*			+		
荒漠沙蜥 *Phrynocephalus przewalskii*		NT	+		
密点麻蜥 *Eremias multiocellata*			+		
丽斑麻蜥 *Eremias argus*		NT	+		
荒漠麻蜥 *Eremias przewalskii*		NT	+		
黄脊游蛇 *Coluber spinalis*			+		
白条锦蛇 *Elaphe dione*		NT	+		
虎斑颈槽蛇 *Rhabdophis tigrina*		NT	+		
小䴙䴘 *Tachybaptus ruficollis*			+		
凤头䴙䴘 *Podiceps cristatus*			+	日	+
黑颈䴙䴘 *Podiceps nigricollis*			+		
普通鸬鹚 *Phalacrocorax carbo*			+		
苍鹭 *Ardea cinerea*			+		+
草鹭 *Ardea purpurea*			+	日	
大白鹭 *Egretta alba*		C3	+	澳，日	+

（续）

物种	国家重点保护和《中国濒危动物红皮书》	CITES 和《IUCN 濒危物种红色名录》	"三有动物"	中日和中澳保护协定	宁夏重点保护动物
夜鹭 *Nycticorax nycticorax*			+	日	
黄苇鳽 *Ixobrychus sinensis*			+	澳，日	
白琵鹭 *Platalea leucorodia*	Ⅱ，V	C2		日	
小天鹅 *Cygnus columbianus*	Ⅱ，E			日	
灰雁 *Anser anser*			+		+
赤麻鸭 *Tadorna ferruginea*			+	日	+
赤膀鸭 *Anas strepera*			+	日	
绿头鸭 *Anas platyrhynchos*			+	日	+
斑嘴鸭 *Anas poecilorhyncha*			+		+
琵嘴鸭 *Anas clypeata*		C3	+	澳，日	+
白眼潜鸭 *Aythya nyroca*		C3，NT	+		
红头潜鸭 *Aythya ferina*			+	日	
赤嘴潜鸭 *Netta rufina*			+		
秃鹫 *Aegypius monachus*	Ⅱ，V	C2，NT			
短趾雕 *Circaetus gallicus*	Ⅱ	C2			
白尾鹞 *Circus cyaneus*	Ⅱ	C2		日	
雀鹰 *Accipiter nisus*	Ⅱ	C2			
苍鹰 *Accipiter gentilis*	Ⅱ	C2			
普通𫛭 *Buteo buteo*	Ⅱ	C2			
大𫛭 *Buteo hemilasius*	Ⅱ	C2			
红脚隼 *Falco amurensis*	Ⅱ	C2			
红隼 *Falco tinnunculus*	Ⅱ	C2			
猎隼 *Falco cherrug*	Ⅱ，V	C2			
环颈雉 *Phasianus colchicus*			+		+
斑翅山鹑 *Perdix dauuricae*			+		
石鸡 *Alectoris chukar*			+		
骨顶鸡 *Fulica atra*			+		+
黑水鸡 *Gallinula chloropus*			+	日	+
大鸨 *Otis tarda*	Ⅰ，V	C2			
灰头麦鸡 *Vanellus cinereus*			+		
凤头麦鸡 *Vanellus vanellus*			+	日	
金眶鸻 *Charadrius dubius*			+	澳	
鹤鹬 *Tringa erythropus*			+	日	
红脚鹬 *Tringa totanus*			+	澳，日	
白腰草鹬 *Tringa ochropus*			+	日	
泽鹬 *Tringa stagnatilis*			+	澳，日	
黑翅长脚鹬 *Himantopus himantopus*			+	日	
普通燕鸥 *Sterna hirundo*			+	澳，日	
灰翅浮鸥 *Chlidonias hybrida*			+		
毛腿沙鸡 *Syrrhaptes paradoxus*			+		
灰斑鸠 *Streptopelia decaocto*			+		

（续）

物种	国家重点保护和《中国濒危动物红皮书》	CITES 和《IUCN 濒危物种红色名录》	"三有动物"	中日和中澳保护协定	宁夏重点保护动物
珠颈斑鸠 Streptopelia chinensis			+		
大杜鹃 Cuculus canorus			+	日	+
雕鸮 Bubo bubo	II，R	C2			
纵纹腹小鸮 Athene noctua	II	C2			
长耳鸮 Asio otus	II	C2		日	
楼燕 Apus apus			+		+
普通翠鸟 Alcedo atthis			+		
戴胜 Upupa epops			+		
灰头绿啄木鸟 Picus canus			+		
大斑啄木鸟 Dendrocopos major			+		+
短趾百灵 Calandrella cheleensis			+		
凤头百灵 Galerida cristata			+		
家燕 Hirundo rustica			+	澳，日	+
金腰燕 Hirundo daurica			+	日	+
崖沙燕 Riparia riparia			+	日	
黄头鹡鸰 Motacilla citreola			+	澳，日	
灰鹡鸰 Motacilla cinerea			+	澳	
白鹡鸰 Motacilla alba			+	澳，日	
树鹨 Anthus hodgsoni			+	日	
水鹨 Anthus spinoletta			+	日	
白头鹎 Pycnonotus sinensis			+		
红尾伯劳 Lanius cristatus			+	日	+
楔尾伯劳 Lanius sphenocercus			+		+
灰椋鸟 Sturnus cineraceus			+		
喜鹊 Pica pica			+		
灰喜鹊 Cyanopica cyana			+		
达乌里寒鸦 Corvus dauurica			+	日	
斑鸫 Turdus eunomus			+	日	
虎斑地鸫 Zoothera dauma			+	日	
红胁蓝尾鸲 Tarsiger cyanurus			+	日	
北红尾鸲 Phoenicurus auroreus			+	日	
黑喉石䳭 Saxicola torquata			+	日	
山鹛 Rhopophilus pekinensis			+		
东方大苇莺 Acrocephalus orientalis				澳，日	
黄腰柳莺 Phylloscopus proregulus			+		
大山雀 Parus major			+		
银喉长尾山雀 Aegithalos glaucogularis			+		
金翅雀 Carduelis sinica			+		
燕雀 Fringilla montifringilla			+	日	
三道眉草鹀 Emberiza cioides			+		
小鹀 Emberiza pusilla			+	日	

（续）

物种	国家重点保护和《中国濒危动物红皮书》	CITES 和《IUCN 濒危物种红色名录》	"三有动物"	中日和中澳保护协定	宁夏重点保护动物
苇鹀 *Emberiza pallasi*			+	日	
达乌尔猬 *Mesechinus dauricus*			+		
托氏兔 *Lepus tolai*			+		
赤狐 *Vulpes vulpes*			+		+
沙狐 *Vulpes corsac*			+		+
黄鼬 *Mustela sibirica*		C3	+		+
虎鼬 *Vormela peregusna*			+		
狗獾 *Meles leucurus*			+		+
猪獾 *Arctonyx collaris*			+		+
荒漠猫 *Felis bieti*	Ⅱ，E	C2，VU			
兔狲 *Felis manul*	Ⅱ	C2，NT			
花面狸 *Paguma larvata*		C3	+		

注：国家重点保护级别中Ⅰ为国家Ⅰ级重点保护野生动物，Ⅱ为国家Ⅱ级重点保护野生动物；《中国濒危动物红皮书》中 E 指濒危，V 指易危，R 指稀有，I 指未定。CITES 中，C1 为附录Ⅰ物种，C2 为附录Ⅱ物种，C3 为附录Ⅲ物种；《IUCN 濒危物种红色名录》中，CR 为极危，EN 为濒危，VU 为易危，NT 为接近易危。"三有动物"指有重要生态、科学、社会价值的陆生野生动物。中-日和中-澳保护协定中，"日"为《中日候鸟保护协定》鸟类，"澳"为《中澳候鸟保护协定》鸟类。宁夏重点保护动物指宁夏回族自治区重点保护野生动物。

4.3.1　保护级别及动物种类统计分析

4.3.1.1　国家重点保护野生动物

《国家重点保护野生动物名录》最初由原林业部和农业部根据《中华人民共和国野生动物保护法》的相关规定，共同制定并发布的一份国家重点保护的珍贵、濒危野生动物的名录。其中保护级别分为Ⅰ级和Ⅱ级，于 1988 年 12 月 10 日获国务院批准，1989 年 1 月 14 日由林业部和农业部发布施行，之后经历了些许变更。该名录的颁布把对这些野生动物的保护提升到了法律的高度，如有人违反相关法规（如捕杀或倒卖名录内所列的野生动物），将受到法律的惩处。白芨滩国家级自然保护区拥有国家重点保护野生动物 18 种，占保护区陆栖野生脊椎动物总种数的 13.95%。其中，国家Ⅰ级重点保护野生动物 1 种，即大鸨；国家Ⅱ级重点保护野生动物 17 种，即白琵鹭、小天鹅、秃鹫、短趾雕、白尾鹞、雀鹰、苍鹰、普通鵟、大鵟、红脚隼、红隼、猎隼、雕鸮、纵纹腹小鸮、长耳鸮、荒漠猫、兔狲。

本次白芨滩国家级自然保护区野生动物调查名录中属于国家Ⅰ级重点保护的野生动物仅有大鸨 1 种。有专家认为，小鸨、黑鹳也有可能在本保护区内分布，建议列入。因本次科考调查期间未曾发现有小鸨、黑鹳在保护区出没，也未见相关文献记载保护区内有分布，根据对保护区环境的全面考察和对小鸨、黑鹳在宁夏出现的生境状况分析认为，小鸨和黑鹳在保护区出现的可能性存在，但需要进一步野外调查获取其在保护区活动的信息才可以列入，因此，出于科学、严谨的态度，未将这两种物种列入保护区野生动物名录。建议对这两个物种在保护区进一步加强检测，以确定是否在保护区分布以及制定相应的管理措施。

4.3.1.2 《中国濒危动物红皮书》保护物种

《中国濒危动物红皮书》共分 4 卷，即鱼类、两栖爬行类、鸟类、兽类，采用的物种濒危等级分为野生绝迹（Ex）、绝迹（Et）、濒危（E）、易危（V）、稀有（R）和未定种（I）等，为确定我国濒危物种受威胁程度起着重要的指示作用。其中详细、全面地论述了我国濒危动物的濒危状况、致危因素、保护措施等，旨在使政府部门、科学界和公众较为清楚地了解我国的动物物种现状，提高政府官员及公众对我国濒危物种的保护意识，并针对现状制定和实施相应的保护措施，为我国物种的保护和持续利用提供科学依据。《中国濒危动物红皮书》数据库收集了我国 592 个濒危动物物种的详细描述。宁夏白芨滩国家级自然保护区分布的野生动物被列入《中国濒危动物红皮书》的有 7 种，占保护区陆栖野生脊椎动物总种数的 5.43%。其中，濒危（E）2 种，即小天鹅、荒漠猫；稀有（R）1 种，即雕鸮；易危（V）4 种，即白琵鹭、秃鹫、猎隼、大鸨。

4.3.1.3 CITES 规定的保护动物

CITES 即《濒危野生动植物种国际贸易公约》，1973 年 3 月 3 日在华盛顿签订，通过各成员国缔结该公约达到保护某些野生动植物物种的目的，通过国际合作的形式不至由于因国际贸易使某些野生动植物物种遭到过度的开发和利用。该公约规定的物种包括附录Ⅰ、附录Ⅱ和附录Ⅲ。附录Ⅰ包括所有受到和可能受到贸易的影响而有灭绝危险的物种；附录Ⅱ中规定的物种目前虽未濒临灭绝，但如对其贸易不严加管理，以防止不利于其生存的利用，就可能变成有灭绝危险的物种；附录Ⅲ包括任一成员国认为属其管辖范围内，应进行管理以防止或限制开发利用，而需要其他成员国合作控制贸易的物种。白芨滩国家级自然保护区分布有《濒危野生动植物种国际贸易公约》附录的保护动物共 22 种，占保护区陆栖野生脊椎动物总种数的 17.05%。其中 C2（附录Ⅱ）17 种，即白琵鹭、秃鹫、短趾雕、白尾鹞、雀鹰、苍鹰、普通鵟、大鵟、红脚隼、红隼、猎隼、大鸨、雕鸮、纵纹腹小鸮、长耳鸮、荒漠猫、兔狲；C3（附录Ⅲ）5 种，即大白鹭、琵嘴鸭、白眼潜鸭、黄鼬、花面狸。

4.3.1.4 《IUCN 濒危物种红色名录》物种

《国际自然保护联盟（IUCN）濒危物种红色名录》是根据严格准则评估数以千计的物种及亚种的绝种风险所编制而成的。准则是根据物种及地区划定，旨在向公众及决策者反映保育工作的迫切性，并协助国际社会避免物种灭绝。根据 2007 年红色名录，全球目前有 16306 种动植物面临灭绝危机。据世界范围内调查的 4 万种动植物，其中 1/3 的两栖动物、1/4 的哺乳动物、1/8 的鸟类和 70% 的植物被列入极危（CR）、濒危（EN）、易危（VU）三个级别，都属于生存"受威胁"的物种，还有 785 种动植物被正式归入灭绝（EX）类别。此外，有 65 种物种处于野外绝灭（EW）状态，即仅存在于人工环境下。白芨滩国家级自然保护区分布被列入《国际自然保护联盟（IUCN）濒危物种红色名录》的动物有 10 种，占保护区陆栖野生脊椎动物总种数的 7.75%。其中，易危（VU）1 种，即荒漠猫；接近易危（NT）9 种，即黑斑蛙、荒漠沙蜥、丽斑麻蜥、荒漠麻蜥、白条锦蛇、虎斑颈槽蛇、白眼潜鸭、秃鹫、兔狲。

4.3.1.5 有重要生态、科学、社会价值的陆生野生动物

为贯彻落实《中华人民共和国野生动物保护法》，加强对我国国家和地方重点保护野生动物以外的陆生野生动物资源的保护和管理，国务院野生动物行政主管部门于

2000 年 5 月在北京召开专家论证会并制定了《国家保护的有益的或者有重要经济、科学研究价值的陆生野生动物名录》，于 2000 年 8 月 1 日以国家林业局令第 7 号发布实施。2016 年 7 月 2 日第十二届全国人民代表大会常务委员会第二十一次会议通过了新修订的《中华人民共和国野生动物保护法》（自 2017 年 1 月 1 日起施行），其中"三有动物"的新提法是"有重要生态、科学、社会价值的陆生野生动物"。白芨滩国家级自然保护区"三有动物"有 92 种，占保护区陆栖野生脊椎动物总种数的 71.32%。

4.3.1.6 《中日候鸟保护协定》和《中澳候鸟保护协定》保护鸟类

《中日候鸟保护协定》全称为《中华人民共和国政府和日本国政府保护候鸟及其栖息环境的协定》，是我国和日本在 1981 年 3 月 3 日在北京签订的。《中澳候鸟保护协定》全称为《中华人民共和国政府和澳大利亚政府保护候鸟及其栖息环境的协定》，是我国政府和澳大利亚政府在 1986 年 10 月 20 日签订的。缔约双方考虑到鸟类是自然环境中的一个重要组成部分，也是一项在科学、文化、娱乐和经济等方面具有重要价值的自然资源，认识到当前国际上十分关注候鸟的保护，鉴于很多鸟类是迁徙于中国和日本、中国和澳大利亚之间并栖息于两国的候鸟，愿在保护候鸟及栖息环境方面进行合作，而达成了保护协定。白芨滩国家级自然保护区有 41 种鸟类属《中日候鸟保护协定》的保护种类，占协定规定保护种（227 种）的 18.06%，占保护区陆栖野生脊椎动物总种数的31.78%，占保护区鸟类总种数的 42.27%。保护区有 12 种鸟类属《中澳候鸟保护协定》规定的保护鸟类，占协定保护种（81 种）的 14.81%，占保护区陆栖野生脊椎动物总种数的 9.30%，占保护区鸟类总种数的 12.37%。

4.3.1.7 宁夏回族自治区重点保护野生动物

白芨滩国家级自然保护区有 24 种动物属宁夏回族自治区重点保护野生动物，占自治区保护动物总数（51 种）的 47.06%（李志军，2007），占保护区陆栖野生脊椎动物总种数的 18.60%。其中，两栖类 1 种，鸟类 18 种，兽类 5 种。

白芨滩国家级自然保护区珍稀濒危及重要保护动物统计结果见表 4-17。

表 4-17　白芨滩国家级自然保护区珍稀濒危及重要保护动物统计

项目	珍稀濒危及重要保护动物		种数	占保护区总种数比例（%）
国家重点保护野生动物	Ⅰ级：大鸨		18	13.95
	Ⅱ级：白琵鹭、小天鹅、秃鹫、短趾雕、白尾鹞、雀鹰、苍鹰、普通鵟、大鵟、红脚隼、红隼、猎隼、雕鸮、纵纹腹小鸮、长耳鸮、荒漠猫、兔狲			
《中国濒危动物红皮书》动物	E（濒危）：小天鹅、荒漠猫		7	5.43
	R（稀有）：雕鸮			
	V（易危）：白琵鹭、秃鹫、猎隼、大鸨			
CITES 附录动物	C2（附录Ⅱ）：白琵鹭、秃鹫、短趾雕、白尾鹞、雀鹰、苍鹰、普通鵟、大鵟、红脚隼、红隼、猎隼、大鸨、雕鸮、纵纹腹小鸮、长耳鸮、荒漠猫、兔狲		22	17.05
	C3（附录Ⅲ）：大白鹭、琵嘴鸭、白眼潜鸭、黄鼬、花面狸			

（续）

项目	珍稀濒危及重要保护动物	种数	占保护区总种数比例(%)
《IUCN 濒危物种红色名录》	VU(易危)：荒漠猫	10	7.75
	NT(接近易危)：黑斑蛙、荒漠沙蜥、丽斑麻蜥、荒漠麻蜥、白条锦蛇、虎斑颈槽蛇、白眼潜鸭、秃鹫、兔狲		
"三有动物"	见表4-16	92	71.32
《中日候鸟保护协定》鸟类	见表4-16	41	31.78
《中澳候鸟保护协定》鸟类	见表4-16	12	9.30
宁夏重点保护动物	见表4-16	24	18.60

4.3.2　重点保护野生动物介绍

从白芨滩国家级自然保护区 129 种陆栖野生脊椎动物中挑选 30 种珍稀濒危或重要保护动物(其中鸟类 18 种，哺乳动物 12 种)，对其进行较详细介绍，目的是使保护区管理人员和社区居民识别和了解这些野生动物，更好地采取相应的保护管理措施。

4.3.2.1　鸟类

(1)大白鹭：鹳形目鹭科白鹭属。大型涉禽，体长 82~102cm，体重 1kg 左右。全身雪白色。繁殖期背披蓑羽，嘴黑绿色；非繁殖期背无蓑羽，嘴黄色。虹膜淡黄色。胫裸露部分淡紫黄灰色，跗蹠、趾和爪黑色。栖息于河流、湖泊、水田、沼泽等地。主要以鱼、两栖类、蛇、蜥蜴、水生昆虫、甲壳类为食，也吃陆生昆虫、小鸟和小型兽类。繁殖期 4~7 月。在保护区为夏候鸟，本次调查中在圆疙瘩湖观察记录，数量较少。保护区其他湿地迁徙季节少量分布。保护区及周边社区居民叫作白鹭、白鹳、鹭。列入《濒危野生动植物种国际贸易公约(CITES)》附录Ⅲ，列入《有重要生态、科学、社会价值的陆生野生动物名录》，列入《中日候鸟保护协定》和《中澳候鸟保护协定》，同时列为宁夏回族自治区重点保护野生动物。

(2)白琵鹭：鹳形目鹮科琵鹭属。中型涉禽，体长 70~95cm。嘴形直而平扁，先端扩大成匙状。全身白色，繁殖羽具羽冠。飞行时嘴、颈向前伸，两腿伸向体后呈一直线。虹膜暗黄色。嘴黑色，先端黄色。眼先、额前缘黑色，眼下缘和眼前下角黄白色。胫裸露部、跗蹠、趾、爪均黑色。栖息于有水环境的开阔地域。以昆虫、蜥蜴、蛙、软体动物和水生植物为食。繁殖期 5~7 月。在保护区周边芦苇沼泽湿地分布繁殖，保护区湖泊湿地觅食或迁徙路过，数量较少。保护区及周边社区居民叫作白鹭。列为国家Ⅱ级重点保护野生动物，列入《中国濒危动物红皮书》中易危(V)等级，列入《濒危野生动植物种国际贸易公约(CITES)》附录Ⅱ，列入《中日候鸟保护协定》。

(3)小天鹅：雁形目鸭科天鹅属。大型游禽，体长 110~130cm，体重 4~7kg。全身羽毛白色。虹膜棕色。嘴黑灰色，上嘴基部两侧黄色，但不延伸至鼻孔之下。跗蹠、蹼、爪均为黑色。栖息于开阔水域及其临近浅水、沼泽地。以植物的根、茎、叶、种子以及螺类等小型水生动物为食。繁殖期 6~7 月。在保护区为旅鸟，迁徙路过圆疙瘩湖等湖泊湿地，数量较少。保护区及周边社区居民叫作天鹅。列为国家Ⅱ级重点保护野生动物，在《中国濒危动物红皮书》中列为濒危(E)等级，列入《中日候鸟保护协定》。

(4)灰雁：雁形目鸭科雁属。大型游禽，体长 80～90cm，体重 3～4kg。上体灰色。额、头顶、枕部及后颈淡棕褐色。下体污白色，腹部有少量分散的棕褐色斑点。尾下覆羽白色。虹膜暗褐色。嘴肉色，呈三角形。跗蹠和趾橙黄色，略带灰绿，爪黄褐色。栖息于湖泊、水库、河口、沼泽等淡水水域及其附近的草地。以植物茎和叶及其种子为食，也食螺、虾和鞘翅目昆虫。繁殖期 4～6 月。在保护区为旅鸟，迁徙路过圆疙瘩湖等湖泊湿地，数量较少。保护区及周边社区居民叫作红嘴雁。列入《有重要生态、科学、社会价值的陆生野生动物名录》，列为宁夏回族自治区重点保护野生动物。

(5)秃鹫：隼形目鹰科秃鹫属。大型猛禽，体长 100～120cm。全身黑色。颈部皮肤裸露，颈基皱领大而蓬松。翅极宽大。嘴粗大，黑褐色，嘴基带灰色。虹膜暗褐色。脚和趾灰黄色，爪黑色。栖息于河流和湖泊附近的低山地带、牧场，也活动于山林深处的荒野和山谷溪流的林缘地带。以大型动物的尸体为食，也捕食小动物或羊羔。繁殖期 3～5 月。在保护区为夏候鸟，主要分布于马鞍山等山地生境，为偶见种。保护区及周边社区居民叫作狗头雕、座山雕、秃鹰。列为国家Ⅱ级重点保护野生动物，在《中国濒危动物红皮书》中列为易危(V)等级，列入《濒危野生动植物种国际贸易公约(CITES)》附录Ⅱ。

(6)短趾雕：隼形目鹰科短趾雕属。浅色中型猛禽，体长 65cm。上体灰褐色，下体白色而具有黑色纵纹，头及喉部褐色，尾羽具有黑色的宽横斑。虹膜黄色，喙黑色，脚灰绿色。栖息于低山丘陵和山脚平原地带有稀疏树木的开阔地区。主要以蛇类为食，亦食蜥蜴、蛙类、小型鸟类和鼠类。繁殖期为 4～6 月。在保护区为旅鸟，迁徙路过圆疙瘩湖等湖泊湿地，数量较少。保护区及周边社区居民叫作老鹰。列为国家Ⅱ级重点保护野生动物，列入《濒危野生动植物种国际贸易公约(CITES)》附录Ⅱ。

(7)白尾鹞：隼形目鹰科鹞属。中等体型的猛禽，体长 41～53cm。雄鸟整体青灰色，下体偏白色，翅尖黑色；雌鸟稍大，通体褐色，下体满布深色纵纹，腰部白色十分突出，飞行时特别明显。虹膜黄色，喙铅灰色，脚黄色。栖息于原野、沼泽及农田等开阔生境，常贴着草丛低飞，并低头寻找猎物，一旦确定目标便会折翅俯冲而下。以鼠类和小型鸟类为食。繁殖期 4～7 月。在保护区为夏候鸟，主要分布于圆疙瘩湖等湖泊湿地，数量较少。保护区及周边社区居民叫作鹞子、鸡鹭。列为国家Ⅱ级重点保护野生动物，列入《濒危野生动植物种国际贸易公约(CITES)》附录Ⅱ，列入《中日候鸟保护协定》。

(8)雀鹰：隼形目鹰科鹰属。小型猛禽，体长 32～40cm。雌鸟较雄鸟略大，翅阔而圆，尾较长。雄鸟上体暗灰色，雌鸟灰褐色，头后杂有少许白色。下体白色或淡灰白色，雄鸟具细密的红褐色横斑，雌鸟具褐色横斑。虹膜橙黄色，喙铅灰色，脚黄色，爪黑色。栖息于针叶林、混交林、阔叶林等山地森林和林缘地带。飞行迅速，在空中盘飞时常收拢尾羽，翅前缘弯曲较大，整体远观像个"T"字。繁殖期 5～7 月。在保护区为夏候鸟，主要分布于长流水和大泉管理站等树林生境，数量较少。保护区及周边社区居民叫作鹞子、细胸。列为国家Ⅱ级重点保护野生动物，列入《濒危野生动植物种国际贸易公约(CITES)》附录Ⅱ。

(9)苍鹰：隼形目鹰科鹰属。中小型猛禽，体长 40～60cm。雌鸟体型明显大于雄鸟。成鸟上体青灰色，下体具棕褐色细横纹，白色眉纹和深色贯眼纹对比强烈，眼睛红色，翅宽尾长，在高空盘飞时常半张开尾羽，两翅前缘显得较平直，翼后缘弯曲。虹膜黄色，喙铅灰色，脚黄色。栖息于疏林、林缘和灌丛地带，飞行迅速，捕食中小型鸟类和小型兽类。在保护区为旅鸟，主要分布于长流水水库高大乔木树林生境，数量少。保护区及周边社区居民叫作老鹰。列为国家Ⅱ级重点保护野生动物，列入《濒危野生动植物种国际贸易公约（CITES）》附录Ⅱ。

（10）普通鵟：隼形目鹰科鵟属。中型猛禽，体长 50～59cm。上体暗褐色，下体较淡，具有大型斑点，尾较短，展开成扇形。跗蹠淡棕黄色。羽色变异大，有黑型、棕型及中间型三型。虹膜淡褐色。嘴黑褐色，基部沾蓝色。蜡膜、趾均黄色，爪黑色。栖息于树上或高岗上观察和等候猎物。以鼠类、鸟类、蛙、蛇及昆虫为食。繁殖期4～6月。在保护区为夏候鸟，主要分布于荒漠草原和林地生境，数量较少。保护区及周边社区居民叫作老鹰。列为国家Ⅱ级重点保护野生动物，列入《濒危野生动植物种国际贸易公约（CITES）》附录Ⅱ。

（11）大鵟：隼形目鹰科鵟属。大型猛禽，体长 57～71cm，雄性成鸟翅长超过440mm，雌鸟翅长超过480mm，下体羽近白色，具棕褐斑纹，腹部两侧近黑色。飞翔时，翼初级飞羽处见有大型白斑。羽色变化很大，有暗型、中间型和淡型。虹膜黄褐色。嘴角黑褐色。蜡膜黄绿色。脚暗黄色，爪黑色。栖息于山地、平原及草原地区，也在高山林缘和开阔的山地草原、沼泽地、沙丘地带及荒漠地带出现。以野兔、啮齿动物等为食。繁殖期5～7月。在保护区为夏候鸟，主要分布于荒漠草原、沙地等广阔生境，数量较少。保护区及周边社区居民叫作花豹、老鹰。列为国家Ⅱ级重点保护野生动物，列入《濒危野生动植物种国际贸易公约（CITES）》附录Ⅱ。

（12）红脚隼：隼形目隼科隼属。小型猛禽，体长 23～30cm。通体石板灰色，翼下覆羽纯白色，腿羽及尾下覆羽棕红色。雌性下体及翼下覆羽多具斑纹，腿羽棕黄色。虹膜暗褐色。嘴灰色，蜡膜橙红色。脚和趾橙黄色，爪肉黄色。栖息于开阔的沼泽附近的森林地带、林地边缘、村镇。很少出现在无树的草原、荒漠和茂密森林。主要以昆虫、小鸟和蜥蜴为食。繁殖期5～7月。在保护区为夏候鸟，分布较广泛，数量不多，但较常见。保护区及周边社区居民叫作青燕子、蚂孔鹰。列为国家Ⅱ级重点保护野生动物，列入《濒危野生动植物种国际贸易公约（CITES）》附录Ⅱ。

（13）红隼：隼形目隼科隼属。小型猛禽，体长 31～38cm。体背砖红色。尾较长呈蓝灰色，圆形。虹膜暗褐色。嘴蓝灰色，先端石板黑色，基部和蜡膜黄色。脚和趾深黄色，爪黑色。栖息于多种环境。以小型哺乳动物为食，也吃小鸟、昆虫和蜥蜴等。繁殖期4～5月。在保护区为夏候鸟，分布较广泛，数量不多，但较常见。保护区及周边社区居民叫作茶隼、红鹰、黄鹰。列为国家Ⅱ级重点保护野生动物，列入《濒危野生动植物种国际贸易公约（CITES）》附录Ⅱ。

（14）猎隼：隼形目隼科隼属。褐色大型隼类，体长 52cm。雌、雄羽色相似，头及上体棕褐色或灰褐色，具黑褐色横斑，不同颜色个体深浅差异较大，头顶具黑褐色细纹，脸颊白色，耳后及颈背斑驳，具不明显至宽阔的白色眉纹，眼下具黑褐色髭纹，两翼飞羽黑褐色，尾羽棕褐色而具有黑褐色横斑，颏、喉及上胸白色，其余下体白色而具黑褐色点斑或者纵纹。虹膜黑褐色，具黄色眼圈，喙蓝灰色且尖端深色。跗蹠黄色或灰色。栖息于高原、高海拔山地、半荒漠以及多峭壁和岩石的生境，以中小型鸟类、啮齿类动物和小型兽类为食，捕食于地面和空中。繁殖期为 4～6 月。在保护区为夏候鸟，主要分布于荒漠草原，数量较少。保护区及周边社区居民叫作兔虎、白鹰、突鹃。列为国家 Ⅱ 级重点保护野生动物，在《中国濒危动物红皮书》中列为易危（V）等级，列入《濒危野生动植物种国际贸易公约（CITES）》附录 Ⅱ。

（15）大鸨：鹤形目鸨科鸨属。大型涉禽，体长 75～105cm。体粗大。头顶及前胸灰色。上体淡棕色，密布宽阔的黑色横斑。下体近白色。足只具 3 趾，均向前。虹膜暗褐色。嘴黄褐色，先端近黑色。脚和趾灰褐色，爪黑色。栖息于平坦或起伏的开阔低草平原。以植物性食物为主，也食昆虫、小的哺乳动物、两栖动物和雏鸟。繁殖期 5～7 月。在保护区为旅鸟，主要分布于荒漠草原，数量稀少。保护区及周边社区居民叫作地鵏。列为国家 Ⅰ 级重点保护野生动物，在《中国濒危动物红皮书》中列为易危（V）等级，列入《IUCN 濒危物种红色名录》，列入《濒危野生动植物种国际贸易公约（CITES）》附录 Ⅱ。

（16）雕鸮：鸮形目鸱鸮科雕鸮属。大型猛禽，体长 65～89cm。耳羽发达，长达 50mm。体羽大都棕色，密布浅黑色横斑。颏白色。喉除皱领外亦白。虹膜金黄色。嘴暗铅色。爪铅色。栖息于山地、草原、林区。以鼠类为食，也食野兔、蛙、鸟类等。繁殖期 4～7 月。在保护区为夏候鸟，主要分布于荒漠草原和林地生境，数量较少。保护区及周边社区居民叫作猫头鹰、信户。列为国家 Ⅱ 级重点保护野生动物，在《中国濒危动物红皮书》中列为稀有（R）等级，列入《濒危野生动植物种国际贸易公约（CITES）》附录 Ⅱ。

（17）长耳鸮：鸮形目鸱鸮科耳鸮属。中型猛禽，体长 33～36cm。体羽棕黄色，杂以黑褐色斑纹，腹部纵纹有横枝。具长而显著的耳簇羽。虹膜金黄色。嘴黑色。爪暗铅色。栖息于针叶林、阔叶林、针阔混交林及农田、草原的人工林中。以啮齿动物为食。繁殖期 4～6 月。在保护区为夏候鸟，主要分布于林地生境，数量较少。保护区及周边社区居民叫作猫头鹰、信户。列为国家 Ⅱ 级重点保护野生动物，列入《濒危野生动植物种国际贸易公约（CITES）》附录 Ⅱ，列入《中日候鸟保护协定》。

（18）纵纹腹小鸮：鸮形目鸱鸮科小鸮属。小型猛禽，体长 20～26cm。上体棕褐色，具白色纵纹及点斑。下体棕白色，具棕褐色纵纹。耳簇羽不明显。虹膜黄色，嘴黄绿色，爪栗色。栖息于树林、丘陵荒坡、草原、村庄等环境，也出现在农田、荒漠。以小型啮齿动物和昆虫为食，也食蜥蜴、小鸟、蛙等小型动物。繁殖期 5～7 月。在保护区为留鸟，主要分布于荒漠草原林地和居民点，数量较少。保护区及周边社区居民叫作小猫头鹰或简称小猫。列为国家 Ⅱ 级重点保护野生动物，列入《濒危野生动植物种国际贸易公约（CITES）》附录 Ⅱ。

4.3.2.2　哺乳动物

（1）达乌尔猬：猬形目猬科林猬属。体型较小，头体长 175～250mm，尾长 14～15mm，耳长 25～29mm，体重 500g。耳长，尾较短，背部浅褐色，棘刺呈黑褐色，胸部、腹部的毛色为灰白色或橘黄色。耳突出于棘刺之上。头骨"人"字脊发达，但不向上后方突出，所以从头骨背面可以看到枕髁和枕大孔。栖息在干旱草原带的草地。食物包括小型哺乳动物、蜥蜴和昆虫。冬眠，晚春到初夏繁殖，每胎 3～7 仔。在保护区主要分布在荒漠草原和沙地生境，保护区及周边社区居民叫作棘猬。列入《有重要生态、科学、社会价值的陆生野生动物名录》。

（2）托氏兔：兔形目兔科兔属。以前的名称是草兔、蒙古兔。头体长 400～590mm，尾长 72～110mm，后足长 110～127mm，耳长 83～120mm，体重 1650～2650g。背毛沙黄色、淡棕色、暗黄色、沙灰色，杂有暗棕色和月桂红色条纹；尾宽，上面有黑色或浅黑棕色的条纹，尾侧和下面全白色；耳尖黑色；腹毛纯白色。鼻骨长而宽。吻突短而宽。生活在草原和森林草甸，喜欢在高草或灌丛有隐藏的地方。一般见于低海拔地方。吃禾本科植物、根和其他草本植物。夜行性。不挖洞，但用前爪刨一浅凹用于休息。每年繁殖 2～3 次，每胎 2～6 仔。在保护区主要分布在荒漠草原、沙地和林地生境，保护区及周边社区居民叫作草兔、野兔。列入《有重要生态、科学、社会价值的陆生野生动物名录》。

（3）麝鼠：啮齿目仓鼠科麝鼠属。身长 35～40cm，尾长 23～25cm，比田鼠体型大，体重 0.8～1.2kg。眼小，耳小，几乎被毛所掩盖。皮板结实。后足具半蹼。麝鼠周身绒毛致密，背部棕黑色或栗黄色，腹面棕灰色。尾长，呈棕黑色，稍有些侧扁，上面有鳞质的片皮，有稀疏的棕黑色杂毛。栖息于江河湖泊，善游泳；穴居，筑洞于河岸上，洞口多在水中，洞穴长可达 40m。主要以水生植物的茎、叶及根为食，也食动物性食物；晨昏取食。繁殖力强，5～8 月底繁殖，每年可繁殖 3 胎，孕期 22～30 天；每胎产仔 5～7 只，多可达 16 只，至翌年始性成熟。原产北美洲，在我国属于引入种，现分布很广。在保护区主要分布在大泉管理站渔湖，保护区及周边社区居民叫作水老鼠。

（4）赤狐：食肉目犬科狐属。体形细长，头体长 500～800mm，尾长 350～450mm，体重 3.6～7kg。面部宽阔，吻颌窄尖，耳较长，呈三角形。一般为红褐色，腿长而细，黑色。背毛常呈红褐色，肩部和体侧更显淡黄色；腹部白色。四肢较短，内侧浅褐色，足前为黑色。尾粗大，毛密而蓬松，尾尖白色。主要栖息于海拔 4000m 以下的多种环境，如森林、草原、荒漠、高山、丘陵、平原及村庄附近甚至于城郊皆可栖息。穴居，晨昏单独或成对活动。食物主要由小型地栖哺乳动物、兔类和松鼠类组成，其他食物还有鸡形目鸟类及其他鸟类、蛙类、蛇类、昆虫、浆果和植物。在保护区主要分布在荒漠草原、沙地和林地生境，保护区及周边社区居民叫作狐狸、石狐子、草狐。列入《有重要生态、科学、社会价值的陆生野生动物名录》，列为宁夏回族自治区重点保护野生动物。

（5）沙狐：食肉目犬科狐属。头体长 450～600mm，尾长 240～350mm，耳长 50～70mm，体重 1.8～2.8kg。胸部和腹股沟白色，背毛浅棕灰色，耳短，尾尖黑色。尾长约为头体长的 50%。栖息于开阔的草原和半荒漠地区，不生活在森林、茂密的灌丛地区或农业耕地。主要捕食鼠兔、啮齿类、鸟类、昆虫和蜥蜴。居住在洞穴，多个个体可分享巢穴。夜行性。1～3 月交配，妊娠期 50～60 天。雌性每年繁殖 1 胎，每胎 3～6 仔。在保护区主要分布在荒漠草原和沙地生境，保护区及周边社区居民叫作狐狸、沙狐子、狐子。列入《有重要生态、科学、社会价值的陆生野生动物名录》，列为宁夏回族自治区重点保护野生动物。

（6）黄鼬：食肉目鼬科鼬属。头体长 220～420mm，尾长 120～250mm，体重 500～1200g。体色浅红褐色至暗褐色，逐渐过渡到淡黄褐色的腹部；面部和额部暗褐色；上唇白色；尾长约为头体长的50%，尾尖色深。栖息于树林、草原及海拔山地，常见于河谷、接近沼泽以及有茂密地表植被的地区，也见于村庄附近和农田耕地。主要捕食小型兽类，特别是鼠类；夜行性，晨昏活动，在植被繁盛的地方也会在白天活动。独居。3~4月交配，每胎5~6仔。在保护区主要分布在荒漠草原和树林生境，保护区及周边社区居民叫作黄鼠狼、黄狼、黄皮子。列入《濒危野生动植物种国际贸易公约（CITES）》附录Ⅲ，列入《有重要生态、科学、社会价值的陆生野生动物名录》，列为宁夏回族自治区重点保护野生动物。

（7）虎鼬：食肉目鼬科虎鼬属。头体长300~400mm，尾长150~210mm，体重370~700g。背部主要为淡黄白色，混有褐色和白色的条纹和斑点。面部、四肢和腹部全为淡黑褐色；尾白色，有浅黑褐色尾尖。尾长，其长度达头体长的50%。具明显的大耳。通常见于草原和干燥、开阔的丘陵及山谷生境。挖掘深而宽敞的洞穴，夜行性，晨昏活动。捕捉啮齿类，特别喜食沙鼠，也食鸟类、爬行动物和兔类。除繁殖季节外独居，于2~3月产仔。在保护区主要分布于荒漠草原生境，保护区及周边社区居民叫作花地狗、臭狗子。列入《有重要生态、科学、社会价值的陆生野生动物名录》。

（8）狗獾：食肉目鼬科狗獾属。头体长495~700mm，尾长130~205mm，体重3.5~9kg。体型大，有一个明显的长鼻子，末端有一个大的外鼻垫。腿和尾均短而粗。面部延长、锥形，耳小而圆，耳尖白色，位于头两侧偏下。身体灰色，腿部为暗灰色到几乎黑色。头部有明显的斑纹，面部大部为白色，具两黑纹。栖息于落叶林、混交林和针叶林地、树篱带、灌丛、有河流的生境、农地、草原和半荒漠地区，有时也见于郊野地区。捕食无脊椎动物、小型哺乳动物、地面营巢的鸟类、小型爬行动物、蛙类、腐肉、植物性食物以及蘑菇。夜行性或在晨昏活动。每年仅产1胎。在保护区主要分布在荒漠草原、河流沟谷生境，保护区及周边社区居民叫作狗獾、獾子。列入《有重要生态、科学、社会价值的陆生野生动物名录》，列为宁夏回族自治区重点保护野生动物。

（9）猪獾：食肉目鼬科猪獾属。头体长317~740mm，尾长90~220mm，体重9.7~12.5kg。头部伸长、圆锥形，面部几乎为白色，从鼻子延伸出两条黑色条纹，穿过眼和淡白的耳直至颈部。足、腿和腹部为深褐色至黑色，喉部白色，尾淡白色。头骨相对较窄而高，吻突长。栖息于树林、河流沟谷。独居，晨昏活动，地栖性。杂食，食物主要以植物块茎和根、蚯蚓、蜗牛以及昆虫为主；偶尔会食小型哺乳动物。每年在2~3月产1胎，每胎2~4仔。在保护区主要分布于荒漠草原沟谷生境，保护区及周边社区居民叫作獾子、沙獾、土猪。列入《有重要生态、科学、社会价值的陆生野生动物名录》，列为宁夏回族自治区重点保护野生动物。

（10）荒漠猫：食肉目猫科猫属。头体长600~850mm，尾长290~350mm，体重5.5~9kg。全身毛色单一，但腿部和体侧有模糊的条纹，体基色从黄灰色到深褐色，腹部白色到浅灰色。面颊部有两条模糊的淡褐色条纹，下颌和下唇白色。尾相对短，尾尖黑色。栖息在高海拔地区，包括高山草甸、高山灌丛、针叶林林缘、草本草甸和干草原。食物主要包括鼹鼠、鼩、鼠兔和野兔。也捕食鸟类，特别是雉鸡类。独居，夜行性。1~3月繁殖，平均每胎2仔。在保护区主要分布于荒漠草原和沙地生境，保护区及周边社区居民叫作漠猫、野猫。列为国家Ⅱ级重点保护野生动物，在《中国濒危动物红皮书》中列为濒危（E）等级，列入《濒危野生动植物种国际贸易公约（CITES）》附录Ⅱ。

（11）兔狲：食肉目猫科猫属。头体长 450～650mm，尾长 210～350mm，体重 2.3～4.5kg。兔狲是一种短腿猫，体型与野猫相当。毛浓厚，尾毛浓密，前额宽，耳间距宽。其毛是猫类中最长的，浅灰色，毛尖白色。眼朝向前。前额随机地分散着小黑斑。背部 6～7 条窄横纹，不同程度地延伸到体侧。眼周有白色圈。尾的上、下面是均一的灰色，并有一个非常小的黑尖。栖息于低山斜坡、山丘荒漠和岩石裸露的干草原。主要捕食鼠兔、小型鼠类、鸟类、野兔和旱獭。夜行性，晨昏活动，独居，埋伏性捕食，奔跑不快。2 月繁殖，平均每胎 3～6 仔，通常每年 1 胎。在保护区主要分布于荒漠草原和沙地生境，保护区及周边社区居民叫作野猫、羊猞猁。列为国家Ⅱ级重点保护野生动物，列入《濒危野生动植物种国际贸易公约（CITES）》附录Ⅱ。

（12）花面狸：食肉目灵猫科花面狸属。头体长 400～690mm，尾长 350～600mm，体重 3～7kg。显著的面部纹路因地理差异而变化，但一般从前额到鼻垫有一条中央纵纹，眼下有小的白色或灰色眼斑，眼上有面积较大的、更加清晰的白斑，并可能延伸到耳基部。鼻部黑色。身体无斑点，硬毛为锈褐色到深褐色，其下绒毛通常为淡褐色到灰色。后头、肩、四肢末端及尾巴后半部为黑色，四肢短壮，各具 5 趾。栖息于多种树林，从原始常绿林到落叶次生林，还经常光顾农业区。主要食果实，也食鸟类、啮齿类、昆虫等，在农田还会攻击家鸡和水禽。树栖性，独居，夜行性。也居住于地洞，并组成 2～10 只的小家庭群。每胎产 1～5 仔。在保护区主要分布于树林和沙地灌丛生境，保护区及周边社区居民叫作果子狸、白鼻猫、玉面狸。列入《濒危野生动植物种国际贸易公约（CITES）》附录Ⅲ，列入《有重要生态、科学、社会价值的陆生野生动物名录》。

4.4　脊椎动物动态变化分析

《宁夏白芨滩自然保护区科学考察集》（宋朝枢、王有德，1999）中共记录陆栖野生脊椎动物 23 目 48 科 115 种，其中两栖类 1 目 2 科 2 种，爬行类 2 目 3 科 5 种，鸟类 14 目 30 科 83 种，哺乳类 6 目 13 科 25 种。本项调查研究于 2015—2016 年期间进行，在保护区及周边区域共调查记录到陆栖野生脊椎动物 25 目 56 科 129 种。其中两栖类 1 目 2 科 2 种，爬行类 1 目 3 科 8 种，鸟类 17 目 39 科 97 种，哺乳类 6 目 12 科 22 种。

本次调查记录数据与原有考察集（宋朝枢、王有德，1999）相比得知：目的总数增加了 2 目，即新记录 3 目（鸽形目、鹃形目、佛法僧目），未观察记录到原考察集 1 目（偶蹄目）；科的总数增加了 8 科，即新记录 14 科，未观察记录到原考察集 6 科。动物种类上发生更加明显的变化，据统计：两次考察均记录到的共有种有 69 种，占本次调查总种数（129 种）的 53.49%，其中两栖类 2 种、爬行类 5 种、鸟类 47 种、哺乳类 15 种，说明保护区现有动物中几乎一半动物分布比较稳定。本次考察新记录种有 60 种，占本次调查总种数（129 种）的 46.51%，其中爬行类 3 种、鸟类 50 种、哺乳类 7 种，说明保护区现有动物中近一半的动物随着环境的变化而扩散分布到保护区境内。本次考察未观察记录到原考察集物种 46 种，占原考察集物种总数（115 种）的 40.00%，其中鸟类 36 种、哺乳类 10 种，说明随着环境的变化这些物种在保护区境内不再适合分布栖息。对 1998—1999 年期间白芨滩国家级自然保护区陆栖野生脊椎动物的科学考察数据与本次（2015—2016 年期间）的科学考察数据统计比较见表 4-18。

表 4-18　白芨滩国家级自然保护区陆栖野生脊椎动物动态变化比较

比较项目	目/科/种	数量
本次考察新增目和减少目	新增 3 目：鸽形目、鹃形目、佛法僧目 本次未观察记录到的原考察集 1 目：偶蹄目	2
本次考察新增科和减少科	新增 14 个科：鹮科、反嘴鹬科、鸠鸽科、杜鹃科、翠鸟科、鹎科、椋鸟科、鸦雀科、扇尾莺科、莺科、麻雀科、鸫科、鼹科、灵猫科 本次未观察记录到的原考察集 6 科：鸊鷉科、鹳科、鹤科、鹞鹬科、鼠兔科、牛科	8
两次考察均记录到的共有种	花背蟾蜍、黑斑蛙、草原沙蜥、荒漠沙蜥、丽斑麻蜥、黄脊游蛇、白条锦蛇、小鸊鷉、凤头鸊鷉、普通鸬鹚、苍鹭、草鹭、夜鹭、白琵鹭、小天鹅、灰雁、赤麻鸭、赤膀鸭、绿头鸭、琵嘴鸭、白眼潜鸭、红头潜鸭、赤嘴潜鸭、白尾鹞、大鵟、红隼、猎隼、环颈雉、石鸡、骨顶鸡、黑水鸡、大鸨、凤头麦鸡、金眶鸻、普通燕鸥、毛腿沙鸡、纵纹腹小鸮、长耳鸮、楼燕、戴胜、凤头百灵、家燕、崖沙燕、黄头鹡鸰、灰鹡鸰、白鹡鸰、水鹨、楔尾伯劳、喜鹊、赤颈鸫、斑鸫、虎斑地鸫、大山雀、金翅雀、达乌里猯、托氏兔、达乌尔黄鼠、三趾跳鼠、五趾跳鼠、长爪沙鼠、东方田鼠、褐家鼠、小家鼠、赤狐、沙狐、黄鼬、猪獾、荒漠猫、兔狲	69
本次考察新记录种	荒漠麻蜥、密点麻蜥、虎斑颈槽蛇、黑颈鸊鷉、大白鹭、黄苇鳽、斑嘴鹈、秃鹫、短趾雕、雀鹰、苍鹰、普通鵟、红脚隼、斑翅山鹑、灰头麦鸡、鹤鹬、红脚鹬、白腰草鹬、泽鹬、黑翅长脚鹬、灰翅浮鸥、灰斑鸠、珠颈斑鸠、大杜鹃、雕鸮、普通翠鸟、灰头绿啄木鸟、大斑啄木鸟、短趾百灵、金腰燕、树鹨、白头鹎、红尾伯劳、灰椋鸟、灰喜鹊、红嘴山鸦、小嘴乌鸦、达乌里寒鸦、红胁蓝尾鸲、北红尾鸲、白顶䳭、黑喉石䳭、文须雀、山鹛、东方大苇莺、黄腰柳莺、北长尾山雀、银喉长尾山雀、麻雀、燕雀、三道眉草鹀、小鹀、苇鹀、麝鼹、普通蝙蝠、中华鼢鼠、麝鼠、虎鼬、狗獾、花面狸	60
本次考察未记录到的原考察集物种	斑嘴鹈鹕、白鹭、大麻鳽、黑鹳、大天鹅、白额雁、鸿雁、豆雁、针尾鸭、绿翅鸭、花脸鸭、罗纹鸭、赤颈鸭、白眉鸭、青头潜鸭、鸳鸯、鹊鸭、斑头秋沙鸭、普通秋沙鸭、鸢、草原雕、燕隼、灰鹤、蓑羽鹤、普通秧鸡、小田鸡、蚁䴕、蒙古百灵、大嘴乌鸦、紫啸鸫、白腹鸫、沙䳭、漠䳭、白背矶鸫、银脸长尾山雀、漠雀、大耳猬、小麝鼩、大棕蝠、达乌尔鼠兔、羽尾跳鼠、子午沙鼠、小毛足鼠、黑线仓鼠、灰仓鼠、鹅喉羚	46

从上述一系列数据比较可以看出，间隔 17 年左右的两次考察记录有较大的变化，说明动物种类随着环境的变化而不断发生变化。另外，特别要说明的是，野生动物资源的野外观察记录具有一定的机遇性，因为动物具有较强的移动性和隐蔽性，再加上具有明显的季节分布特征和日活动规律，很难观察统计到所分布动物种类的绝对数据。因此，需要分季节，分白天和黑夜，分陆地和水体，采用传统的样线、样点调查与先进仪器设备相结合的方法，长期而系统地调查记录和统计分析，才能不断了解保护区野生动物资源现状及动态变化特征。

4.5　昆虫区系及分布

昆虫群落是白芨滩国家级自然保护区生态系统的重要组分，在保护区生态系统食物链中发挥着重要作用。为了正确认识和深入了解昆虫群落状况和昆虫全貌，掌握昆虫种群的发展趋势，在保护区境内的不同植被和生境中采用样线、样点方法对昆虫资源进行调查。主要以网捕、捕捉为主进行采集,用昆虫网在草本植物层中扫网叶蝉、甲壳虫类,利用震落法和捕捉法采集具有假死性的鞘翅目昆虫等。

4.5.1 昆虫种类及数量

经过实地采集标本和鉴定,并根据前人相关研究结果整理了白芨滩国家级自然保护区内昆虫种类名录,总共有 10 目 36 科 109 种。

(1)半翅目(HEMIPTERA):种类相当丰富,有 7 科 41 种。主要是蝽科(Pentatomidae)、盲蝽科(Miridae)(大部分为植食性种类)、缘蝽科(Coreidae)、红蝽科(Pyrrhocoridae)和长蝽科(Lygaeidae)等的植食性种类。捕食性天敌有猎蝽科(Reduviidae)3 种、姬蝽科 1 种及捕食性盲蝽 1 种。

(2)鳞翅目(LEPIDOPTERA):有 2 科,即粉蝶科(Pieridae)和灰蝶科(Lycaenidae),共有 2 种。

(3)脉翅目(NEUROPTERA):有 1 科 1 种,为草蛉科(Chrysopidae)。

(4)膜翅目(HYMENOPTERA):有 4 科 4 种,是蜾蠃科(Eumenidea)、马蜂科(Polistidae)、蜜蜂科(Apidae)、熊蜂科(Bombidae)。

(5)鞘翅目(COLEOPTERA):种类比较丰富,有 7 科 32 种,其中拟步甲科(Tenebrionidae)、瓢虫科(Coccinellidae)、象甲科(Curculionidae)、叶甲科(Chrysomelidae)最为丰富,分别为 19 种、4 种、3 种和 3 种。其他科种类较少。

(6)蜻蜓目(ODONATA):有 3 科 12 种,分别为蜻科(Libellulidae)7 种、蜓科(Aeshnidae)2 种和蟌科(Coenagrionidae)3 种。

(7)双翅目(DIPTERA):采集鉴定到的种类有 2 科,虻科(Tabanidae)和食蚜蝇科(Syrphidae)的 2 种。

(8)螳螂目(MANTODEA):仅采集到螳螂科(Mantidae)1 科 1 种。

(9)同翅目(HOMOPTERA):有 3 科 6 种,分别为叶蝉科(Cicadellidae)4 种、象蜡蝉科(Dictyopharidae)1 种和沫蝉科(Cercopidae)1 种。

(10)直翅目(ORTHOPTERA):有 6 科 8 种,其中斑腿蝗科(Catantopidae)和网翅蝗科(Arcypteridae)各有 2 种,其他科均有 1 种。

根据实地考察采集标本和前人研究的结果,本地区昆虫种类绝大多数属于荒漠地区分布的昆虫。荒漠植被景观的昆虫以古北种占绝对优势,与整个宁夏地区昆虫区系高度一致。有水的区域,昆虫种类相对丰富,分布着少数广布种和东洋种。

4.5.2 昆虫区系特征

白芨滩国家级自然保护区昆虫种类受植被和环境因素的影响十分明显,保护区 110 种昆虫中古北种有 77 种,占总数的 70%。主要有:半翅目的实蝽(*Antheminia pusio*)、多毛实蝽(*Antheminia varicornis*)、新疆菜蝽(*Eurydema festiva*)、中黑土猎蝽(*Coranus lativentris*)、大土猎蝽(*Coranus magnus*)、克氏圆额盲蝽(*Leptopterna kerzhneri*)、波原缘蝽(*Coreus potanini*)、亚姬缘蝽(*Corizus albomarginatus*)、闭环缘蝽(*Stictopleurus nysioides*)、欧环缘蝽(*Stictopleurus punctatonervosus*)、刺腹颗缘蝽(*Coriomeris nigridens*),脉翅目的中华通草蛉(*Chrysopa sinica*),膜翅目的高原沟蜾蠃(*Ancistrocerus waltoni*),鞘

翅目的拟步甲科、象甲科和叶甲科种类，蜻蜓目的秋赤蜻（*Sympetrum frequens*）、黄腿赤蜻（*Sympetrum imitans*、黑纹伟蜓（*Anax nigrofasciatus*）、蓝纹尾螅（*Coenagrion dyeri*），双翅目的斜纹黄虻（*Atylotus pulchellus karybenthinus*），同翅目的榆叶蝉（*Empoasca bipunctata*）、烟翅小绿叶蝉（*Empoasca limbifera*），直翅目的贺兰山疙蝗（*Pseudotmethyis alashanicus*）、黑腿星翅蝗（*Calliptamus barbarous*）、宁夏束颈蝗（*Sphingongonotus ningsianus*）、黑翅雏蝗（*Chorthippus aethalinus*）、银川油葫芦（*Teleogryllus infernalis*）等。广布种有 16 种，占总数的 15%。东洋古北共有种有 17 种，占总数的 15%。白芨滩国家级自然保护区昆虫区系分析见表 4-19。

表 4-19　白芨滩国家级自然保护区昆虫区系分析

目名	种总数	古北种		东洋种		广布种		东洋古北共有种	
		种数	比例（%）	种数	比例（%）	种数	比例（%）	种数	比例（%）
半翅目	41	29	71	0	0	10	24	2	5
鳞翅目	2	0	0	0	0	0	0	2	100
脉翅目	1	1	100	0	0	0	0	0	0
膜翅目	4	2	50	0	0	0	0	2	50
鞘翅目	32	27	84	0	0	0	0	5	16
蜻蜓目	13	7	54	0	0	4	31	2	15
双翅目	2	1	50	0	0	0	0	1	50
螳螂目	1	0	0	0	0	1	100	0	0
同翅目	6	4	67	0	0	0	0	2	33
直翅目	8	6	76	0	0	1	12	1	12
合计	110	77	70	0	0	16	15	17	15

4.5.3　昆虫资源

4.5.3.1　观赏昆虫

观赏昆虫是指能够美化人们生活的昆虫，主要有蝴蝶类和鸣虫类。保护区内有几种观赏类昆虫，如鳞翅目灰蝶科的红珠灰蝶（*Lycueides argyrognomon*）和同翅目的伯瑞象蜡蝉（*Dictyophara patraelis*），还有蜻蜓目的大黄赤蜻（*Symptrum uniforms*）等。鸣虫类有直翅目蟋蟀科的银川油葫芦（*Teleogryllus infernalis*）。春、夏季，蝴蝶、蜻蜓飞舞，四处有虫鸣声，为自然保护区增添了勃勃生机。

4.5.3.2　传粉昆虫

传粉昆虫是指通过昆虫的行为活动使花期的植物能够相互传粉，能够促进植物更好地进行有性繁殖的昆虫种类。这一类昆虫较多，主要为双膜翅目、鳞翅目的种类。调查中发现角马蜂（*Polistes antennalis*）、瑞熊蜂（*Bombus richardsi*）、中华蜜蜂（*Apis cerana*）、印度窄腹食蚜蝇（*Spaerophoria indiana*）以及部分蝶类都有助于植物的传粉。

4.5.3.3　天敌昆虫

天敌昆虫是指用来防治害虫的昆虫种类，它们主要通过取食害虫、取食害虫虫卵、寄生于害虫虫卵等方式控制害虫的数量。保护区主要天敌昆虫有中黑土猎蝽（*Coranus lativentris*)、大土猎蝽(*Coranus magnus*)、淡带荆猎蝽(*Acanthaspis cincticrus*)、黑点食蚜盲蝽(*Deraecoris punctulatus*)、淡色姬蝽(*Nabis palifer*)、中华通草蛉(*Chrysopa sinica*)、高原沟蜾蠃(*Ancistrocerus waltoni*)、角马蜂(*Polistes antennalis*)、七星瓢虫(*Coccinella septempuctata*)、薄翅螳螂(*Mantis religiosa*)以及蜻蜓目的种类。

4.6 保护管理建议

（1）加强科研监测和科学研究工作：保护区目前生物多样性日常监测的科研队伍力量薄弱，特别是监测野生动物资源的科研人员不能及时了解野生动物资源的分布现状和动态变化，无法制订相应的保护和管理计划。已有的科考报告是 1999 年前组织相关专家、学者进行野外考察的结果，此后没有进行过系统的考察和研究工作。保护区应该配备专门学习动植物分类或动物生态专业的研究生等科研人员，定期对保护区动植物种类、分布、群落结构及生境进行系统的调查记录，对珍稀濒危物种进行长期跟踪监测，为保护区动植物资源的保护管理、科学研究、宣传教育和可持续利用等提供科学依据。

（2）保护好野生动物栖息地，规范旅游开发，减少人为干扰活动：栖息地的破坏和频繁干扰对野生动物多样性的保护非常不利，自然保护区境内开发旅游活动，对野生动物及栖息地有一定影响，若想保护野生动物及栖息地，必须合理解决旅游开发的问题。长流水管理站管辖内的长流水河流、水库及沟谷地带环境复杂多样，河谷里既有长满芦苇丛的河流湿地，又有茂密的灌丛和乔木等树林，河谷两边有广袤的荒漠草原和沙丘，成为干旱荒漠地区诸多野生动物的生命水源，是鱼类、两栖爬行类、鸟类和兽类分布栖息的理想场所。但是，长流水管理站管辖区因开发旅游项目，游客和车辆的频繁活动和喧哗等，对野生动物特别是野生鸟类和兽类的正常繁衍生息和觅食活动带来很大的影响。建议保护区管理局与旅游开发承包商及相关部门积极主动联系，妥善解决此问题。另外，圆疙瘩湖和鸳鸯湖（其中鸳鸯湖不在保护区主要管辖区域内）这两处湖泊湿地野生动物资源非常丰富，特别是鸟类资源，建议保护区管理局及相关部门，在鸟类春、秋迁徙季节加强监测和监管力度，避免发生偷猎或投毒等非法事件。

第5章

生态旅游资源

　　白芨滩国家级自然保护区位于宁夏回族自治区中部荒漠区域，荒漠气候条件塑造了这里沙漠、荒漠、草原等多种自然景观，周边地区居民的活动在这里留下了丰富的人文遗产，使保护区不仅是一个保护荒漠生态系统及野生动植物资源的重要基地，也是富集各种旅游资源，能够实现公众认识自然、接受生态旅游体验和环境教育的天然课堂。

　　通过对白芨滩国家级自然保护区的调查，将该区旅游资源分为两大类，包括自然生态旅游资源和人文生态旅游资源，两大类之下又细分为不同类型，简述如下。

5.1　自然生态旅游资源

5.1.1　特有的荒漠景观资源

　　白芨滩国家级自然保护区具有独特的荒漠景观，让人叹为观止。该类型主要分布在鄂尔多斯台地剥蚀丘陵上，位于毛乌素沙地的南缘，东起盐池县境内的宝塔村，西至引黄灌区的边缘，向南延伸到长流水沟，呈带状分布，东西宽 20~40km，南北长约62km，中部突起的猪头岭海拔 1435m；沙漠包括流动沙丘及固定和半固定沙丘；有我国面积最大的成片天然柠条群落，有西北地区面积最大的以猫头刺为建群种的荒漠类型区域。此外，还有少量引黄河水灌溉区域，绿树成荫、林翠花红，与大漠金沙、黄土丘陵交织出一幅五彩画面，让人真正佩服大自然的鬼斧神工。

5.1.2　丰富的野生生物资源

　　根据本次调查，白芨滩国家级自然保护区共有维管植物 55 科 172 属 311 种。其中，蕨类植物只有 1 科 1 属 3 种，种子植物有 54 科 171 属 308 种。种子植物中，裸子植物3 科 6 属 10 种，被子植物 51 科 165 属 298 种，被子植物中大部分为耐旱的野生植物，不仅是保护区野生植被的重要组成者，构成了保护区独特的荒漠植被景观，对外来游客具有极大的吸引力，而且对维护生态系统稳定具有重要意义，是科研和科普教育的重要内容。除了丰富的野生植物资源外，这里还分布有丰富的野生动物资源。根据调查结果，在保护区及周边区域共调查记录到陆栖野生脊椎动物 4 纲 25 目 56 科 99 属 129 种，其中荒漠沙蜥、荒漠猫、凤头百灵等典型的荒漠野生动物往往在其他地方难得一见，在这里却成为荒漠中的"居民"，据此可以开展科普游，使游客深入了解野生动植物的生存习性和生态环境，拓宽视野，丰富自己的知识储备。另外，保护区四季植物景观不同。春天，沙冬青滴翠，花棒吐艳，柠条展枝，形成一片片花的海洋，令人心旷神怡；夏天，云蒸雾罩、绿茵滚滚、果实累累，让人感受不到盛夏的炎热；秋天，层林尽染，红的像火，白的似云，绿的更鲜，满山的黄叶会使人想到金秋硕果，更能够体验到"霜叶红于二月花"的神韵。冬天，残阳斜照，北风呼啸，万木萧条，积雪残留，大地斑斑点点，呈现出一幅大漠边关景象。

5.2　人文生态旅游资源

白芨滩国家级自然保护区及周边地区拥有历史悠久的人文旅游资源。其中，马鞍山甘露寺以"先有姑子庵，后有马鞍山"之典故而闻名；明代屯兵的清水营城，历史悠久、保存基本完好，是旅游考察的绝妙去处；水洞沟遗址是我国发掘最早也是现存最好的 3 个旧石器文化晚期的遗址之一，是黄河上游唯一的旧石器文化遗址，距今达 3 万~4 万年；横城古汉墓群遗址位于灵武市临河镇横城堡以北，是汉代北部边疆地区的典型墓群，对了解汉代墓葬形制、葬式葬俗、随葬器物和研究汉代移民的分布、墓葬发展变化具有重要价值。灵武恐龙化石群遗址距白芨滩保护区实验区(磁窑堡)东 200m，出土的恐龙为梁龙类中一个罕见的分支——叉背龙类。此外，回族独特风格的建筑、音乐、舞蹈、饮食文化、民间工艺等皆具特色，更为保护区的生态旅游增添了一道风景线，使保护区成为一座天然博物馆和民俗风情园。

5.2.1　马鞍山甘露寺

马鞍山甘露寺位于宁夏回族自治区灵武市北部临河镇临河村，白芨滩国家级自然保护区内北部。甘露寺西近黄河，东邻陕西，北望内蒙古，三面环山。寺庙坐北朝南，建于土丘山上，居高临下，视野极为开阔。全寺占地近 $2hm^2$，是一座具有传奇历史的著名寺院。据甘露寺存留碑文记载，该寺初建于明代，原名"甘露庵"，由明末一位名叫近庵的和尚发起，特请广东和尚作为主持兴建，之后近庵和尚四处募捐数年，对甘露庵进行了重建。重建之时甘露庵主持本静和尚为祈求天降甘露造化百姓，将"甘露庵"改名为"甘露寺"。

在当地民间，对甘露寺的兴建时期有另一种说法。相传唐代罗通率军扫北，军队驻扎于今灵武市临河镇黄河沿岸，其姑母随军，战后罗通命人于山上择地建寺，令三女兵出家为尼，留寺常住。宋代仁宗年间(公元 1049—1091 年)，北部少数民族犯境，大将狄青奉命率军西征，驻军于灵武市临河镇，与敌军隔河对垒，互有胜负。当时，宋军粮草由内地运来，路途遥远，难以支撑旷日持久之战，因此狄青意在速决，但苦无良策。一日狄青困眠，梦见一神人示意其与敌军对垒只能智取，不可力敌，否则难以取胜。狄青梦中惊醒，沉思良久，忽然省悟。次日，狄青令士兵将马鞍收集起来，依山势堆放，又令士兵将马粪收集倾入黄河，顿时河面飘满马粪，厚达尺余，对岸及下游敌军见状，惊叹曰："天朝兵多，光马鞍就堆满了一座山，河里飘的马粪有一尺多厚，看来我们难以取胜了。"一时之间敌军军心浮动。狄青又派懂突厥、蒙古等语的士兵潜入敌营散布流言。敌军首领闻之，犹豫不决，有意退兵。狄青又出兵讨战，阵前狄青向敌军首领晓以大义，双方遂罢兵言和。为酬报神人点化之恩，狄青将驻军之处的原尼姑庵扩建为寺宇，取名"甘露寺"。"马鞍山"也因宋兵当年堆放马鞍而得名，因此当地有"先有尼姑庵，后有马鞍山"之说。

甘露寺建筑分为上殿、中殿、下殿和陪殿 4 个部分。甘露寺重要文物有历代碑刻 3 块，分别是狮子碑记、孝心和尚碑和蓬公庵塔碑。另有僧塔 15 座，最著名的是百担子和尚墓塔和果芳法师墓塔。寺内还珍藏清代《大藏经》一部。

5.2.2　清水营城

清水营城位于白芨滩国家级保护区中北部的宁东镇清水营村境内，西距横城堡 30km，北靠长城约 1km，是明朝弘治年间（公元 1488—1425 年）修建的一个屯兵城堡，是明长城内侧沿线的军事防御设施之一。在长城沿线众多的屯兵城堡中，清水营城是一座较大的屯兵城堡。据《宁夏府志》记载：清康熙皇帝访宁夏时曾于此城内小憩之后，于横城渡河到银川。

清水营城现存古城墙以青砖包裹，经历四五百年，至今仍保存完好。城为方形，边长 300m，城墙底宽 14m，顶宽 6m，高 9m，四角有方形角台，角台实体凸出城墙墙体，比墙体宽而厚实，角台之上城楼已不复存在，但城楼基础残踪尚存。东城墙有大门，面东而开，城门外套以瓮城。瓮城墙体高大、纵深，其南墙下有门洞朝南外开，以古色青砖拱砌。瓮城墙体上尚有城楼建筑痕迹，长 22m，宽 7m。

5.2.3　水洞沟遗址

水洞沟遗址位于宁夏灵武市临河镇，西距银川市 19km，南距灵武市 30km，距河东机场 11km，北与内蒙古鄂尔多斯市相接，占地面积 7.8km²。水洞沟遗址是我国目前较早发掘的旧石器时代遗址之一，1988 年被国务院公布为"全国重点文物保护单位"，被誉为"中国史前考古的发祥地"。

水洞沟沟宽 50～200m，深 6～14m，两岸为棕钙土。由于沿河有泉水溢出，形成许多小洞，故称"水洞沟"。水洞沟遗址不仅见证了中西方文化交流的历史，还保持了古朴的雅丹地貌，这里集中了魔鬼城、卧驼岭、摩天崖、断云谷、怪柳沟等 20 多处土林奇绝景观，使人望而生奇，大有地老天荒、旷古玄远之叹。

1920 年比利时神父绍特发现的水洞沟遗址是人类文明史上的又一创举，打破了西方一直以来的"人类以西方发源而来"的错误观点，它见证记录了远古人类繁衍生息、同大自然搏斗的历史，同时区域内的明长城与藏兵洞也是明清军事研究史中的活化石。80 多年来，经过 5 次考古发掘，在水洞沟出土了 3 万多件石器和 67 件古动物化石，其中包括野驴、犀牛、鬣狗、羚羊、转角羊、牛、猪等动物化石和各种石器等。

5.2.4　古汉墓群遗址

横城古汉墓群遗址位于灵武市临河镇横城堡明长城以北，黄河东岸约 2km² 范围内，距今有 2000 多年历史。1987 年，宁夏考古工作者首次对该墓群进行了调查，共发掘墓葬 25 座，以后又有新墓葬被发现。由于横城古汉墓群所在的黄河两岸地区历史上是兵家必争之地，频繁的战事在这里留下了戍边将士和临近郡县官吏的陵墓。宁夏古汉墓的封土堆通常比较高大，易于被人认知，因此也成为盗墓分子盗掘的目标，在宁夏考古工作者发掘的近 200 座古汉墓中大多数墓葬被盗掘。横城古汉墓群虽有部分墓葬被盗，但多数墓室保存相对完好，并出土了大量的钱币、陶器等随葬物品，如 2016 年发掘的一处墓葬，墓室内发现了陶罐、铜镜、漆盒、陶盆等多种文物。

横城古汉墓群遗址对于研究宁夏地区汉代墓葬的种类和形制、了解当时社会经济发展情况提供了很好的实物资料。

5.2.5 恐龙化石群遗址

宁夏灵武恐龙化石群遗址位于灵武市宁东镇南磁湾，西北距银川市 58km。灵武恐龙化石群遗址是迄今为止我国发现面积较大、分布集中、保存完整、周边环境未遭破坏的恐龙化石遗址。灵武恐龙化石群遗址出土的恐龙是中生代中侏罗纪大型新蜥脚类食草恐龙，距今约 1.6 亿年，属国家级恐龙化石。

2005 年以来，中国科学院古脊椎动物与古人类研究所和灵武市文物管理所先后进行 4 次发掘，清理 3 个发掘面，挖掘出 8 只恐龙个体。目前，恐龙化石遗址围栏保护面积 9 万 m^2，展厅陈列有一只长 22m、高 10m 的恐龙复制装架模型及恐龙蛋、潜龙、大唇犀牛头骨、乌龟等动物化石。

2005 年 6 月 17 日，灵武恐龙化石群遗址被宁夏回族自治区人民政府公布为"重点文物保护单位"；2006 年 8 月，恐龙化石群遗址被宁夏回族自治区人民政府批准为"宁夏恐龙地质公园"；2008 年 1 月，被宁夏回族自治区党委宣传部、自治区科技厅联合批准为"宁夏科普教育基地"。

5.3 旅游资源开发与保护

5.3.1 旅游资源的开发

目前，白芨滩国家级自然保护区周边一些旅游资源已经得到开发，形成了一些独具特色的景区，如水洞沟景区、古化石群遗址公园、甘露寺景区等，成为宁夏较为知名的旅游景点。保护区内部为满足国内外科学家、公众的科考、参观、旅游需求，也在保护优先的原则下，进行有限度的基础设施建设，建成了全国防沙治沙展览馆、国家沙漠公园、宣教广场、科普廊道和保护区内部的公路、水电项目等。未来保护区将集科学研究、生态旅游、休闲体验等多项服务于一体，满足公众不同的需求。但是，保护区的旅游开发要坚持保护第一的原则，在保护的基础上合理开发利用。基于该原则，在白芨滩国家级自然保护区旅游资源开发中需要坚持以下理念。

（1）要树立生态旅游可持续发展的资源利用观：也就是在保护自然的前提下，适度、合理、科学地开发生态旅游资源。在开发生态旅游资源时，对于环境脆弱、生态平衡易受人为活动影响且生态环境遭破坏后难以自我恢复的资源，一定要讲究适度、合理和科学的原则。

（2）要建立健全生态旅游的科学管理机制：为了保障生态旅游的正常运转，除了经营者和旅游者共同配合外，还需要有一个健全的生态旅游科学管理机制，它包括由各部门组成的协调管理机构、能够在各个环节行使监督和检查职能的高素质人员，以及规范企业和个人行为的管理条例和法规等。

（3）要科学确定旅游区游客容量，开发生态旅游资源必须严格控制容量：旅游发展必须建立在生态环境承受能力之上，符合当地经济发展状况和社会道德规范。因此，必须对开发生态旅游区域进行环境影响和承受能力的评价，力争把游客控制在生态环境承载能力范围之内，以避免造成环境质量下降、生态平衡失调。

5.3.2　旅游资源的保护

旅游资源的保护既关系到游客旅游感知满意度和保护区旅游业的持续健康发展，也关系到保护区内其他野生物种和生态系统的健康，因此在旅游规划和旅游资源开发及旅游经营过程中，保护好区域内的旅游资源是极为关键的首要问题。为此，在保护区管理和旅游开发经营中，要从以下方面加强旅游资源的保护。

（1）加强生态保护的宣传教育：生态旅游是高层次的消费活动，需要参与者具备较高层次的消费观念，必须加强生态旅游的宣传普及工作，强化以生态环境质量为主要内容的生态意识，提高广大参与者的生态素质。宣传教育的方式包括利用电视、广播、报刊等各种媒体，旅游区内设置展览馆、游客中心、宣传牌以及导游讲解等。通过"寓教于乐"方式的宣传教育，既起到对全民进行自然保护教育的作用，同时也可扩大生态旅游的社会影响，吸引更多的游客进行生态旅游。

（2）建立旅游区社会、文化、环境跟踪监测系统：旅游活动可能会带来不可预见的社会文化变化，必须对正面和负面影响慎重研究。要充分了解旅游区对当地社区生活带来的正、负面影响及可能后果，有必要建立旅游地社会、文化、环境跟踪监测系统。建立跟踪监测系统，监测景点影响范围内（包括自然保护区内外）的环境效益、社会效益以及区域游客行为的变化，及时评价旅游对当地社区的社会、文化影响，及时发现旅游区发展中出现的环境问题，使旅游区管理部门和当地社区做出正确分析和适当处理，提出针对性的改进建议。

（3）建立社区参与旅游机制：生态旅游特别强调社区参与到生态旅游的开发和经营中，并从中获取经济收益。生态旅游要发展，其开发项目就必须同社区利益需求联系起来，吸引社区群众参与生态旅游活动，包括旅游规划、景区建设和管理、旅游活动的组织等。旅游区要处理好与社区的利益关系，尽量顾及社区居民的利益，让社区居民通过生态旅游得到实惠，支持旅游区的工作，从而达到有效保护自然资源的目的。

第6章
社 会 经 济 状 况

6.1 保护区内社会经济状况

宁夏灵武白芨滩国家级自然保护区总面积为 70921hm²，其中核心区面积 31318hm²，占保护区总面积的 44.2%；缓冲区面积 18606hm²，占保护区总面积的 26.2%；实验区面积 20997hm²，占保护区总面积的 29.6%。保护区共设核心区 3 处，即北部猫头刺荒漠核心区、中部柠条群落荒漠核心区和南部猫头刺-沙冬青荒漠核心区。

保护区地处毛乌素沙漠西南边缘，是一个以防风固沙造林、保护生态环境为主的国有事业单位，管理体制上与白芨滩防沙林场实行一套人马、两块牌子。下设 9 个职能科室、8 个管理站、4 个企业、1 个公安分局，现有员工 317 人，经营管理面积 99667hm²，其中苗圃地 333hm² 多，果树面积 333hm² 多，固定资产近 1 亿元，林木资产达 6 亿元。

多年来，保护区坚持"以林为主，林副并举，多种经营，全面发展"经营方针，探索出"依靠林业搞林业、围绕主业抓副业、利用优势促三业"的经营思路，依托土地、资源、劳动力优势，发展苗木培育、果园。通过引水治沙造田发展经果林 333hm² 多，果产业年收入实现 300 多万元，发展苗圃基地 373hm² 多，苗产业年收入 700 多万元，职工人均分别约 0.67hm² 和 0.67hm²；建设养殖场 3 个，养牛 1000 多头、羊 1600 多只，建设施温棚 222 座，职工人均收入 2016 年底突破 5 万元；成立了 3 个园林绿化公司、一个生态文化旅游公司，每年实现营业额近 1 亿元。多种经营平均每年反哺治沙近 1000 万元，占治沙造林总投资的 80%，走出了一条"内改经营机制、外拓生存空间、靠创新求发展"的兴林之路。

保护区主要保护对象为 300 余种荒漠植物、100 余种荒漠动物，以及猫头刺、沙冬青等典型植被和荒漠生态系统，分布有我国面积最大、长势最喜人、防沙阻沙效果最好的柠条母树林基地，1980 年白芨滩防沙林场被国务院 108 号文件确定为全国三大林木采种基地之一。保护区承担着防沙治沙和自然保护区管理双重任务，2000—2015 年累计完成治沙造林 20000hm² 多，使区域内人工林总面积达到 42000hm²。通过多年来防沙治沙工程的实施，保护区内部和周边形成了一条南北长 62km、东西宽 20～30km 不等的绿色屏障，稳固了肆意扩展的移动沙丘，在保护黄河，维护河东机场的安全，以及使铁路、公路不被沙埋方面起着重要的作用，而且对宁夏平原几十万公顷良田和首府银川市生态环境的改善也有很大保护作用。

保护区内核心区和缓冲区均无人居住，实验区除林场内部的经营场地及人员外，也无人在此居住，只要加大保护力度，阻止外来人员干扰和破坏，将十分有利于区内自然资源保护。

307 国道从保护区中部实验区贯穿东西，另有狼永公路（乡级公路）从保护区南部穿过；宁夏煤炭部门和电力部门规划建设的部分灰渣厂和输电通道位于保护区内或穿过保护区，在 2010 年进行保护区功能区划时，将这些设施划入保护区实验区内，并健全和完善各项保护和管理措施，能确保核心区和缓冲区的资源安全。

6.2 周边地区社会经济状况

白芨滩国家级自然保护区位于灵武市境内，面积约占灵武市的 1/4，周边与灵武市 7 个乡（镇）相接，建设与发展既受到灵武市社会经济发展的影响，也受到周边乡（镇）社会经济发展的影响。

6.2.1 灵武市社会经济状况

灵武市总面积 4639km²，1997 年 12 月被宁夏回族自治区纳入宁夏经济核心区范围，2001 年 2 月被规划为全区的能源重化工基地。根据灵武市 2016 年国民经济和社会发展统计公报，2016 年全市常住总人口 29.1 万人，其中城镇人口 16.2 万人，乡村人口 12.9 万人；2016 年城镇居民人均可支配收入 28329 元，农村居民人均可支配收入 12546 元。2016 年全市实现生产总值 384.6 亿元，其中第一产业实现增加值 10.0 亿元，第二产业实现增加值 329.2 亿元，第三产业实现增加值 45.4 亿元，人均地区生产总值 126730 元，三次产业结构为 2.6∶85.6∶11.8。在农业行业方面，2016 年完成农林牧渔业总产值 20.54 亿元，其中农业产值 11.05 亿元，林业产值 0.6 亿元，畜牧业产值 7.2 亿元，渔业产值 0.6 亿元，农林牧渔服务业产值 1.1 亿元。全年粮食作物播种面积 24614hm²，蔬菜播种面积 1893hm²，园林水果播种面积 8585hm²。年末大牲畜存栏 22360 头，生猪存栏 80565 头，羊只存栏数 317478 只，家禽 29.85 万只。在工业和建筑业方面，2016 年全市规模以上工业实现增加值 288.8 亿元，其中轻工业完成增加值 54 亿元，重工业完成增加值 234.8 亿元。工业实现增加值中，电力、热力的生产和供应业完成增加值 47.2 亿元，石油加工、炼焦业完成增加值 30.3 亿元，煤炭开采和洗选业完成增加值 87.5 亿元，化学原料及化学制品制造业完成增加值 55 亿元，纺织业完成增加值 25.8 亿元。

6.2.2 周边乡（镇）社会经济状况

白芨滩国家级自然保护区周边与灵武市马家滩镇、宁东镇、郝家桥镇、临河镇、东塔镇、白土岗乡、梧桐树乡7个乡（镇）的30个自然村相接，30个自然村总计约有10425户、32628人，耕地总面积1107hm²，人均耕地面积0.034hm²。农民经济收入主要以种植和养殖为主，兼有少量工副业，主要种植水稻、小麦、玉米以及蔬菜、水果等，尤其是沿黄河东岸1150m等高线以下，由于扬水灌溉，林果业发展迅速。保护区周边各乡镇人口规模、产业类型各不相同，对保护区影响也不一致。7个乡（镇）各自社会经济情况如下。

（1）马家滩镇：位于毛乌素沙漠边缘，全镇总面积591.8km²，下辖4个行政村，共有农户1121户，实有人口3508人，其中农业人口2958人。2014年，马家滩镇全年实现农民人均纯收入11309元，比2013年增长11%。以畜牧业为主，可利用草原面积58667hm²。

（2）宁东镇：被称为宁夏第一镇，原名磁窑堡镇，位于灵武市东部。307国道、银青高速公路、磁马公路、大古铁路横穿而过，是宁夏与东部地区沟通的重要经济通道。宁东镇拥有丰富的煤炭资源，已探明煤炭储量273亿t，是全国13个大型煤炭基地之一和宁夏能源化工基地的主战场，有马莲台电厂、灵武电厂、佳能煤炭公司等大、中、小型企业近100家。镇辖区共有5个行政村、20个自然村，全镇总人口31000多人。矿藏资源丰富，有石油、天然气、煤炭、陶土、硝、石膏等。

（3）郝家桥镇：位于灵武西南，距灵武市区9km，全镇耕地面积2540.38hm²，总人口32249人，辖19个行政村。2015年全镇工农业总产值16.9亿元，同比增长10.5%，农民人均可支配收入11985元，同比增长10.5%，特色产业发展优势包括设施农业、奶牛养殖、林果业、羊产业等。

（4）临河镇：位于灵武市北端，耕地面积900hm²，草原面积48000hm²，辖7个行政村、28个村民小组，总人口0.8万人。2014年全镇完成地区生产总值27852万元，同比增长13.37%。其中，农业总产值达到5698万元（特色产业占农业总产值的45.9%），同比增长1.5%。工业总产值达到15259万元，同比增长16.61%。第三产业总产值达到6895万元，同比增长17.5%。农民人均可支配收入达到11500元，比2013年同期增长1276元，增长12.5%。

（5）东塔镇：地处灵武市郊，辖9个行政村、7个社区居委会，2013年末，全镇总人口95424人。辖区有草原0.56hm²、耕地1007.2hm²，地理条件优越，排灌设施配套，主产优质大米、小麦、特色瓜果、蔬菜，以长红枣、玉皇李子、口外杏子等名特优水果而名扬区内外，素有"塞上江南"的美称。

（6）白土岗乡：位于灵武市南30km处，全乡辖12个行政村，全乡人口16698人，耕地总面积1170.79hm²，草原面积113333hm²。土地资源丰富，农业开发潜力巨大，山区草原生长着甘草、麻黄等多种中药材，矿产资源主要有煤炭、石灰岩、湖盐、芒硝、石膏、陶土、黏土、沙板石、砂砾石等。辖区内有煤炭、油气等工矿企业300多家。

（7）梧桐树乡：位于灵武市区西北部，面积158km²。辖8个行政村，全乡总人口为25531人，全乡耕地面积3475hm²，主产水稻、小麦和瓜菜，畜牧业养殖以羊、猪、牛为主。

6.3 保护区土地资源利用状况

白芨滩国家级自然保护区前身为灵武市白芨滩防沙林场，主要以人工造林、多种经营和综合利用为经营方向。2000 年白芨滩自然保护区成立时，整个保护区规划面积81800hm²，其中核心区 26064hm²、缓冲区 23535hm²、试验区 32201hm²。保护区主要以荒漠灌丛植被、天然草原植被和柠条等人工林为主，之后，通过人工沙漠整治，人工造林 5100hm²，其中经济果林 130hm²。另外，保护区在试验区内建有苗木花卉繁育中心、果园、预制场等经营单位和保护区管护站 6 处，区内建有较为完善的道路系统。

2005 年 4 月，国务院办公厅以国办函〔2005〕029 号文件批准保护区因配合国家西部大开发战略和宁夏经济发展需要进行的保护区边界范围及面积调整的请求，环保部于 2005 年 5 月以环函〔2005〕163 号文件批准保护区总面积由原来的 81800hm² 调为74843hm²，并将核心区、缓冲区、实验区面积分别调整为 31318hm²、18606hm²、24919hm²。保护区调整后，该区域煤炭等资源的开发和宁东能源重化工基地建设得到顺利进行。2010 年在地方政府的主导下，保护区进行了第二次范围及功能区调整，并于 2012 年得到国务院的正式批准（国办函〔2012〕153 号）。调整后保护区面积由原来的74843hm² 调整为 70921hm²。其中核心区面积 31318hm²，占保护区总面积的 44.2%；缓冲区面积 18606hm²，占保护区总面积的 26.2%；实验区面积 20997hm²，占保护区总面积的 29.6%。保护区边界范围及三区面积维持至今。

根据地理信息系统对白芨滩国家级自然保护区内土地利用现状进行统计，结果如表 6-1 所示。根据统计结果，白芨滩国家级自然保护区土地类型可划分为两大类：林业用地和非林业用地。

表 6-1 白芨滩国家级自然保护区土地利用面积统计（单位：hm²）

土地类型		分区面积			面积合计	百分比（%）
大类	小类	核心区	缓冲区	试验区		
林业用地	有林地	29.41	16.53	473.68	519.62	0.69
	疏林地	23.63	37.75	103.94	165.32	0.22
	灌木林地	13932.36	6710.45	7299.32	27942.13	37.33
	未成林造林地	980.03	873.78	696.08	2549.89	3.41
	苗圃地	0	0	38.53	38.53	0.05
	无立木林地	0	0	188.36	188.36	0.25
	宜林地	16352.57	10967.49	15149.74	42469.8	56.75
	辅助生产林地	0	0	6.05	6.05	0.01
非林业用地	非林业用地	0	0	963.3	963.3	1.29
面积总计		31318	18606	24919	74843	—
面积比例（%）		41.84	24.86	33.30	100	

（1）林业用地：林业用地根据林业行业国家标准《林地分类》（LY/T 1812—2009），划分为八大类，分别为宜林地、灌木林地、未成林造林地、有林地、无立木林地、疏林地、苗圃地、辅助生产林地。各类型中宜林地面积最大，占总面积的 56.75%；其次

为灌木林地，占总面积的37.33%；第三为未成林造林地，面积占3.41%；其他类型面积均在1%以下。

　　(2)非林业用地：非林业用地是指保护区内分布的河流湖泊、工矿企业以及居民点建设用地，按照《林地分类》(LY/T 1812—2009)标准，该类型不属于林业用地类型。在白芨滩国家级自然保护区内，由于以往有居民居住用地，后期有国家和宁夏回族自治区批准的自治区核心经济区以及能源基地建设、工矿企业建设，导致保护区中核心区、缓冲区及试验区均有一定面积的非林业用地存在。

第7章
保护区建设与管理

7.1 保护区历史沿革

白芨滩国家级自然保护区历史上名称、机构及隶属关系变化较多。

1953 年，国家批准建立了盐灵防沙林场，隶属原宁夏省建设厅；1954 年，宁夏省建制撤销，并入甘肃省，盐灵防沙林场归属于河东自治州，1955 年被移交给该自治州管理；1958 年，宁夏回族自治区成立后，由吴忠回族自治州移交灵武县，改称灵武县国营林场；1970 年，灵武县革委会以灵革字〔70〕28 号文件决定将灵武县国营林场改称为灵武县白芨滩防沙林场；1986 年，经宁夏回族自治区人民政府以宁政发〔1986〕57 号文批复建立区（省）级自然保护区；2000 年，国务院以国办发〔2000〕30 号文批准宁夏灵武白芨滩自然保护区正式晋升为国家级自然保护区。随后，建立了保护区管理局，与白芨滩防沙林场合署办公，实行一套班子、两块牌子。

为促进宁夏经济腾飞，借助国家实施西部大开发战略的深入实施，宁夏回族自治区根据自身优势，决定重点开发煤炭资源。为了理顺自然保护与地方经济发展的关系，在地方政府的主导下，保护区于 2004 年开展对范围和功能区的调整工作，经过严格的申报程序，国务院于 2005 年以国办函〔2005〕029 号批准调整方案，将位于保护区范围内蕴含丰富煤炭资源部分区域自保护区调出。该次调整，将保护区总面积由原来的 81800hm² 调为 74843hm²。但是，由于受调整当初开发建设条件所限，保护区调整并未一步到位，调整时未能在宁东与首府银川市之间预留出足够的空间，制约了自治区"一号工程"的进一步开展。另一方面，随着保护区外围资源的开发，越来越多的以煤炭资源为主的煤化工产业不断发展，区内现存的变电所及输电廊道的运行维护，均给保护区的管理带来了压力，给保护区资源管理和生态安全带来隐患。2010 年，在地方政府的主导下，保护区进行了第二次范围及功能区调整，并于 2012 年得到国务院的正式批准（国办函〔2012〕153 号），调整后保护区面积由原来的 74843hm² 调整为 70921hm²。

7.2　保护区管理现状

7.2.1　机构设置与人员编制

　　白芨滩自然保护区成立于 1985 年，1986 年由宁夏回族自治区人民政府确定为区（省）级自然保护区，2000 年 4 月经国务院审定批准为国家级自然保护区。后经宁夏回族自治区人民政府机构编制委员会（宁编发〔2000〕07 号）《关于设立宁夏灵武白芨滩国家级自然保护区管理局的通知》文件精神，同意宁夏灵武白芨滩国家级自然保护区管理局为副处级单位，与白芨滩防沙林场实行一个机构、两个牌子。保护区隶属灵武市管理，业务上接受宁夏回族自治区林业行政主管部门的指导。内设办公室、保护管理科、科研科、计划财务科和 6 个管理站，人员编制 217 人。2005 年 12 月，宁编发〔2005〕86号《关于宁夏灵武白芨滩国家级自然保护区管理局（白芨滩防沙林场）机构调整等有关问题的通知》文件批准宁夏灵武白芨滩国家级自然保护区管理局（白芨滩防沙林场）改为银川市人民政府直属处级事业机构，由银川市人民政府委托灵武市人民政府代管，业务上接受宁夏回族自治区林业行政主管部门的指导。原设的 4 个科室、6 个保护管理站改为正科级，原 217 名定额补助事业编制不变。2008 年 11 月，宁编发〔2008〕75 号《关于宁夏灵武白芨滩国家级自然保护区管理局（白芨滩防沙林场）增加事业编制的通知》文件批准宁夏灵武白芨滩国家级自然保护区管理局增加 98 名编制，编制总数为 315 名。2012 年 11 月，宁编办发〔2012〕287 号《关于调整宁夏灵武白芨滩国家级自然保护区管理局（白芨滩防沙林场）机构编制事项的通知》文件批准宁夏灵武白芨滩国家级自然保护区管理局增设纪检监察室、宣传教育科、规划建设科、生产技术科、防沙治沙办公室 5 个正科级内设机构和马鞍山管理站（分场）、长流水管理站（分场），增加科级领导职数 7 正 7 副。调整后，宁夏灵武白芨滩国家级自然保护区管理局（白芨滩防沙林场）定额补助事业编制 317 名，内设 9 个科室、8 个管理站（分场），处级领导职数 1 正 4 副，科级领导职数 17 正 17 副。

　　2004 年 12 月，宁编发〔2004〕84 号《关于成立灵武市公安局白芨滩国家级自然保护区森林分局的通知》文件批准成立灵武市公安局白芨滩国家级自然保护区森林分局，内设 2 个科室即政工科、森保科，3 个派出所机构即大泉派出所、白芨滩派出所、马鞍山派出所。2013 年 1 月，银机编发〔2013〕9 号《关于调整灵武市公安局白芨滩国家级自然保护区森林分局内设机构的通知》文件批准对灵武市公安局白芨滩国家级自然保护区森林分局内设机构做调整，即政工科更名为办公室，森保科更名为治安与消防大队，成立法制科及刑侦大队，撤销大泉派出所、白芨滩派出所、马鞍山派出所，整合组建白芨滩中心派出所。

　　2017 年，根据宁夏回族自治区编委《关于严格控制事业编制总量　进一步加强事业编制动态管理的意见》（宁编发〔2015〕46 号）、《自治区党委　人民政府关于印发〈宁夏国有林场改革方案〉》（宁党发〔2016〕8 号）、自治区编办《关于制定事业单位机构编制方案的通知》（宁编办发〔2016〕30 号）、《自治区国有林场改革领导小组关于对第二批市、县（区）国有林场改革实施方案的批复》〔宁林改组发〔2016〕3 号〕和《自治区林业厅、编办、财政厅、人社厅关于贯彻落实〈宁夏国有林场改革方案〉中进一步明确有关政策的意见》[宁林(办)发〔2016〕46 号]等文件精神，确定宁夏灵武白芨滩国家级自然保护区管理局(白芨滩防沙林场)机构编制方案。宁夏灵武白芨滩国家级自然保护区管理局(白芨滩防沙林场)为银川市人民政府直属正处级全额拨款预算事业单位，由银川市人民政府委托灵武市人民政府代管。

主要职责是：

(1)贯彻执行国家有关自然保护区、国有林场的法律、法规、方针、政策。

(2)制定自然保护区的各项管理制度，对保护区实施统一管理。

(3)依法保护自然保护区内的自然环境和自然资源，组织开展保护区环境监测工作。

(4)组织或协助有关部门进行自然保护区的科学研究。

(5)负责国家沙漠公园、全国防沙治沙展览馆建设和管理，组织开展生态文明宣传教育和生态旅游工作。

(6)负责防沙治沙和森林经营，促进自然修复，确保辖区内生态安全。

(7)合理利用资源发展沙区特色产业，组织开展多种经营，巩固治沙成果。

内设机构及职责：

(1)办公室：主要负责协调各职能机构间的分工与合作，负责做好政工、文秘、机要、党群以及后勤保障等工作。

(2)计划财务科：主要负责保护区的年度财务计划制定、日常财务管理，严格审核、监督各项经费开支。

(3)保护管理科(天保工程管理办公室)：主要负责保护区资源的日常管护工作，制定保护管理计划、管理制度，编制巡护计划、资源管护、森林防火方案，建立资源档案，指导和监督管理站工作，检查督促其开展资源日常管护工作；依法监督管理和审核征占用林地事项；按照天然林保护工程的政策法规，负责辖区内公益林、天然林管理工作。

(4)科研科：主要负责保护区的常规性科学研究和生态环境监测工作；收集、整理各种自然资源资料，进行课题研究；接待或配合国内外专家、学者的考察；负责保护区对外科研合作项目、新技术推广应用的争取和实施工作；负责科研档案、科研仪器设备、标本、图书资料的管理等。

(5)宣传教育科：主要负责宣传国家有关自然保护区和国有林场森林资源管理的法律、法规、方针、政策；宣传保护区在生态资源保护管理和防沙治沙方面的重要作用和建设成就，提高全社会对生态资源保护重要性的认识，倡导全社会积极参与支持生态文明建设事业，指导和扶持社区发展生态经济、宣传保护政策、教育和帮助群众拓展致富门路，实现社区共管目标。

(6)规划建设科：围绕保护区发展要求，负责制定保护区中长期发展规划；按照工程管理规范和要求，负责辖区内保护管理、科研、监测、宣传、营林生产、生态旅游等基础设施工程规划和建设；执行和落实保护区重点工程项目规划，加强重点工程项目的质量监督、指导和管理；负责工程项目档案资料整理和档案管理。

(7)森林病虫害防疫及生产技术科：负责辖区林木病虫害监测、防治工作；按照森林培育技术要求，负责生产技术指导和监督管理，对职工进行营林生产技术培训；负责制定辖区公益林经营管理规划、营林生产经营管理办法，编制营造林作业设计；负责执行生产计划，落实生产任务，加强重点营造林工程项目的质量监督、技术指导和管理；统筹指导职工发展多种经营项目；负责营林生产档案资料整理和档案管理。

（8）防沙治沙及沙漠公园管理科：负责编制年度防沙治沙造林和沙区防护林带建设计划，根据计划抓好检查、落实、认定工作；负责做好治沙造林工程的验收、决算和竣工（交工）以及工程资料的整理、归档工作；负责承接对外绿化工程，积极承揽植树造林或绿化工程任务；负责保护区生态旅游规划和管理；负责沙漠公园和全国防沙治沙展览馆建设、管理；负责开展相关科普宣传教育、文化旅游活动以及提供相关社会服务。

（9）纪检监察室：主要负责管理局党风廉政建设工作的组织、协调、落实工作；研究制定管理局反腐倡廉各项制度；负责干部的廉政教育和廉政文化建设工作；负责各科室、管理站权力运行的监督工作；负责督查党委重要文件、指令、工作部署的进度和完成情况；受理信访举报和投诉，查处工作人员违规违纪行为；完成局党委、纪委和上级纪检、监察机关交办的其他工作。

（10）管理站（分场）：8个，分别为大泉管理站（分场）、北沙窝管理站（分场）、甜水河管理站（分场）、白芨滩管理站（分场）、马鞍山管理站（分场）、长流水管理站（分场）、羊场湾管理站（分场）、横山管理站（分场），主要负责自然保护区和国有林场有关方针、政策、法规、规章的宣传和贯彻实施；负责制订管护计划，对本辖区内的林地、林木资源进行保护、培育和管理，依法制止破坏自然资源的行为；负责落实管理局各项规章制度和工作安排，对职工进行业务培训和思想教育工作，加强人员管理；负责辖区内自然资源、生态旅游资源的合理开发、建设与管理；协助有关职能部门做好辖区资源监测、宣传教育、科学研究等工作。

保护区自建立以来，根据有关法律规定和管理特点制定的管理办法主要包括：人事管理、财务管理、保护管理、科研宣教管理、生产管理、工程管理、安全管理、会务管理、学习管理、事务管理、计划生育管理、奖罚及责任追究办法等。同时制定了分管领导带班月巡山制度、站长带班周巡查制度、护林员日巡护管理制度、野外火源管理制度。保护区从管理局局长、书记到各护林员、职工，层层签定岗位目标责任书，明确岗位职责、岗位目标和奖惩规定，并严格执行，对管理人员和职工都起到很好的激励、约束作用，有效地促进了自然保护工作的开展，使保护区的管理工作规范有效。

7.2.2 基础设施建设情况

在保护区的建设和发展过程中，国家林业局、宁夏回族自治区人民政府、宁夏回族自治区林业厅、宁夏回族自治区环保厅以及银川市、灵武市人民政府等部门对保护区工作都十分重视，在资金、政策、土地权属等方面都给予了大力支持和协助。自2000年以来，通过一、二期工程建设，已实施完成以下建设内容。

（1）局址建设：完成保护区办公用房1500m²，其中，办公用房540m²，森林公安派出所用房360m²，库房600m²。

（2）站点建设：建设管理站6个，共3800m²；管护点11处，共1852.1m²。

（3）管护设施：建瞭望塔 4 座，制作大型标牌 4 块、标牌 1500 块、界碑 8 座，设置地界标牌 30 块，埋设标桩 200 个，荒漠湖修复 40hm²，新建生物围栏 40hm²、林区围栏 43km。

（4）防火设施：建生物防火带 300hm²、隔离带 500hm²，制作防火宣传牌 50 块，安装防火水管线 3km。

（5）科研监测设施：建半固定及临时固定样地 100 个，其中，标准化固定样地 11 处，监测点 17 处，包括病虫害监测点 4 处，植被恢复监测点 4 处，环境质量监测点 2 处，鸟类环志点 1 处，气象观测点 3 处，生态定位监测点 1 处，水文监测点 2 处。

（6）宣教设施：建宣教中心 200m²，制作大型宣传牌 5 块、小型宣传牌 200 块、展示板 24 块，保护区沙盘模型 1 套，购置广播音响设备 1 套、编辑录像机 1 部，建展厅 DLP 大屏幕系统和多媒体系统 1 套。

（7）基础设施：建设长流水、大泉、马鞍山等管理站辖区砾石结构林道 68km，维修林道 48km，连接道路 11km，建设拱桥一座，长 65m。新建人工蓄水池 22 座，蓄水量达到 65 万 m³；建泵房 5 座，面积 220m²，购置水泵及电机 12 台（套），购置高压水泵 4 台（套）。架设供电力线路 44.3km，购置安装变压器 9 台（套），铺设供水管线 36km，维修管道 12km，打机井 5 眼、带子井 2 个，修建水塔 2 座、化粪池 3 座，安装消防栓 10 组。

（8）设备购置：购置巡逻摩托车 19 辆、防火指挥车 1 辆、公安车 1 辆、喷药车 1 辆、消防车 1 辆，灭火器 8 套，野外防火工具及防身设备 70 套，GPS 仪 6 台套。购置接待家具 4 套、会议家具 4 套、办公家具 44 套，计算机 4 台、打印机 4 台、复印机 4 台、电视机 4 台。

7.2.3 保护与管理情况

7.2.3.1 野生动植物保护与环境保育

保护区自建立以来，根据国家和宁夏回族自治区政府及自然保护区的有关法规制度，不断完善保护区基础设施建设和管理设施，更新管理设备，实现保护区管护的规范化、科学化，积极开展野生动植物、荒漠生态系统的保护和生态环境的恢复治理工作。目前，白芨滩国家级自然保护区建立了局、科、站三级管理机构，制定了相关管理制度，不断加强保护区的巡护管理工作，逐步探索出分管领导带班月巡查、科站长带班 GPS 周巡查、森林分局民警包片巡防、护林员日巡护等巡护管理模式，把岗位职责细化到每一个干部职工和巡护人员，有效防止了乱捕乱猎、私挖滥采现象的发生。

在自然植被保护和环境治理方面，保护区先后与宁夏大学、宁夏防沙治沙学院、宁夏农林科学院等科研院所共同开展了育苗、造林、森林抚育、植被保育恢复等多项科学研究工作，同时通过自身多种经营创收，为保护区沙漠治理、环境保护提供资金。通过封育和人工造林等生物措施，封山封沙和人工育林 66667hm² 多，提高了保护区植被覆盖率，有效地改善了山、沙区生态环境，为野生动植物的生存、流动沙丘的固定和当地群众生活、工农业生产创造了一个良好的条件，取得了令人瞩目的成绩，成为"三北"地区防沙治沙的典范；同时，保护区还积极同海外民间组织合作，先后开展了中日治沙研究、中日（宁夏－岛根）友好林、黄河中游流域防护林建设、中日青少年友谊林建设等项目，进行植被恢复、防沙治沙示范，拓展了建设和植被恢复资金渠道，为实现良性发展奠定了基础。截至 2016 年，保护区治沙面积由最初的 $8667hm^2$ 发展到现在的 $42000hm^2$，为区域可持续发展做出了卓越贡献，被国家林业局授予"自然保护区建设先进集体"称号。

通过严格的管理和积极的环境恢复治理，保护区生态环境不断得到恢复改善，减缓了周边乡（镇）居民生产生活对保护区野生动植物的威胁，有效维持和恢复了保护区脆弱的荒漠生态系统的完整性、稳定性和连续性，使保护区荒漠生态系统服务功能得到充分发挥，有力地促进了地区经济的持续健康发展。

7.2.3.2 职工队伍建设与科研、管理能力

保护区十分重视保护区职工素质教育和能力的提高，一方面通过公开招聘吸纳保护区管理中急需的各方面人才，另一方面鼓励职工到相关科研院所进行学历和能力培训、参加有关保护区管理的学术会议和成人教育。通过主持和参加保护研究及保护工程项目、外出参观考察，在实践中锻炼培养人才。经过多年的努力，保护区职工队伍的整体文化水平大幅提高，综合素质明显增强，保护区管理能力不断提高。

7.2.3.3 科研监测和技术培训

自晋升为国家级自然保护区以来，白芨滩国家级自然保护区管理局十分重视科研工作的开展，先后组织开展了 3 次科学考察，对区内资源进行较为系统全面的掌握。保护区科研人员还与西北林业调查规划设计院、北京林业大学、河北农业大学、内蒙古师范大学、宁夏大学、宁夏防沙治沙学院、宁夏林业研究院等单位科研人员积极配合，对保护区进行了 20 多项科学研究项目。保护区还十分注重参与建设管理人员和技术人员的培训工作，多年来，积极选派优秀干部参加国家林业局举办的"国家级自然保护区关键岗位培训班"学习，同时选派业务骨干到北京、新疆及宁夏林业厅参加自然保护区管理、林政执法等专业学习培训，并采取"请进来、走出去"的办法，聘请自治区高级工程师授课，先后举办业务技术学习班 15 期，学习 458 人次，组织业务骨干编制、发放和培训治沙造林技术手册、干旱地区提高造林成活率 10 种方法、灵武市主要树种造林技术要点、治沙造林主要树种育苗技术、枣树管理技术规程等内容，积极推广普及灵武长红枣造林技术、园艺栽培技术、针叶树沙地造林技术、综合治沙造林技术的应用示范推广等。通过这些学习、培训，保护区专业技术队伍和职工队伍的业务素质有了明显提高，促进了业务质量的提高和保护事业的进一步发展。保护区还先后与宁夏农林科学院合作开展宁夏中部干旱带沙生灌木梭梭育苗及造林实验研究项目，获得宁夏回族自治区科技进步二等奖，与宁夏大学生命科学学院合作实施沙地造林节水渗灌项目，获得宁夏回族自治区科技进步三等奖。保护区还与宁夏大学联合对沙冬青进行了试验性培育与栽培，获得了成功，为挽救这一稀有的沙漠常绿重点保护植物摸索出了一定的经验。

7.2.3.4 宣传教育工作

保护区在马鞍山管理站建立宣教中心 1 处，在羊场湾管理站建成全国防沙治沙展览馆 1 处，以大量的图片、文字、实物、影像资料等为公众普及生物、生态、历史、科学研究和防沙治沙等方面的信息。同时，还利用各种宣传日、节假日向周边群众发

放宣传单，开展义务咨询等活动。一大批内容丰富、色彩鲜明、材料翔实的照片、录像、文字资料的储备，为保护区的对外宣传创造了条件。保护区除采用展板、宣传画册、宣传标语、宣传材料上街展览、散发外，在保护区周边特别是进入保护区的道路入口等处也设立了许多宣传牌、警示牌、提示牌等，向过往群众进行宣传，还借助新闻媒体向社会进行广泛宣传，在《人民日报》、中央电视台、《宁夏日报》、宁夏电视台、宁夏电台等新闻媒体上对保护区的建设工作进行了广泛的宣传报道。

世界上 89 个国家和地区的专家学者政要前来访问，对宣传生态建设、环境保护起到了积极的作用。2007 年 4 月 13 日，时任国家主席胡锦涛到白芨滩国家级自然保护区视察防沙治沙工作，2008 年 4 月 7 日，时任国家副主席习近平到保护区视察防沙治沙工作，提高了保护区知名度，在国内外产生了积极的影响，扩大了保护区的社会影响力，使保护区成为该区域人工促进沙漠生态修复的示范样板区，为推动周边沙漠治理发挥了重要的作用。

7.2.3.5　自养能力

保护区领导一贯重视自身"造血"功能的增强，充分利用资源优势，开展多种经营项目，并不断发展壮大。利用人力技术资源优势，先后成立了 3 个以植树造林和苗木花卉培育为主的绿化公司，近年来主要承揽了全区范围内高速公路绿化、城区绿化及宁东工矿企业场区绿化，积极拓宽发展空间，扩大治沙资金来源渠道，平均每年为防沙治沙注入资金达 500 万元以上。2015 年又成立了 1 个旅游公司，保护区"造血"功能不断增强，自养能力不断提高。

第 *8* 章

保护区评价

8.1 生态资源评价

8.1.1 物种与区系组成评价

物种多样性是评价自然保护区价值的最重要标准。白芨滩国家级自然保护区地处我国西北荒漠草原过渡地带，具有典型的大陆性季风气候，区域内生境类型较为复杂多样，塑造了较为丰富的荒漠生态系统。在此环境背景下，保护区内孕育了许多珍贵的荒漠野生动植物种类，为荒漠生态系统的研究和治理奠定了良好的基础。

8.1.1.1 植物区系组成

根据本次科考调查结果，保护区共有维管植物 55 科 172 属 311 种，其中蕨类植物 1 科 1 属 3 种，种子植物 54 科 171 属 308 种。种子植物中，裸子植物 3 科 6 属 10 种，被子植物 51 科 165 属 298 种。种子植物总数占保护区维管植物总数的 99%，体现了区域环境的严酷性和荒漠植物区系的典型特征。与我国东部地区植物区系种属数量相比，白芨滩自然保护区植物区系数量较为贫乏，这与保护区所处地理与气候环境紧密相关。但是，白芨滩国家级自然保护区与国内其他荒漠类型的保护区相比，其种子植物种类相对丰富，加上植被类型的独特性，在荒漠植物物种、植被类型和生态系统保护方面具有很高的价值。

白芨滩国家级自然保护区植物区系构成中，属数最多的为禾本科(23 属)，其次分别为菊科(19 属)、豆科(19 属)和藜科(13 属)，其他科中属数均没有超过 10 个。种数最多的科为豆科(39 种)，其次分别为菊科(32 种)、藜科 32(种)和禾本科(31 种)。在种数组成上，藜科植物占据较为明显的优势，成为本区植物区系构成的一个特点，显示出本区干旱荒漠区植物区系的性质。

在植物区系类型方面，白芨滩国家级自然保护区种子植物属的数量虽然较少，但拥有全部 15 个分布类型，各个类型在本区均有代表植物，这说明本区区系组成较为复杂，并且区系成分相对古老。这些研究结果对本区荒漠化治理与改造具有重要指导意义。在所有植物区系类型中，除世界分布占有 26 属之外，其他类型中，北温带分布的属有 58 属，占保护区总属数的 40.00%，位居第一，地中海地区、西亚至中亚分布 19 属，占保护区属数的 13.10%，位居第二，旧大陆温带分布 18 属，占保护区属数的 12.41%，位居第三；其他分布区类型属数比例在 12% 以下，反映出白芨滩国家级自然保护区植物区系以温带区系为主的特点，同时地中海中亚区系成分占相当高的比例，具有荒漠地区植物区系的特征成分。

在珍稀植物分布方面，白芨滩国家级自然保护区分布有国家重点保护植物 3 种，其中国家 I 级重点保护野生植物 1 种（发菜），国家 II 级重点保护野生植物 1 种，为沙芦草，国家 II 级重点保护野生植物水曲柳在保护区内人工栽培。另外，保护区拥有古地中海孑遗植物沙冬青，沙冬青为我国荒漠植被类型中唯一的常绿灌木，在保护区的多处地段形成稳定的群落。沙冬青在白芨滩国家级自然保护区的存在，对于研究常绿树种与干旱环境的适生关系以及古地球的演化等具有极大的科学价值。

总之，白芨滩国家级自然保护区处于荒漠生态系统，其野生植物种类较为丰富，对于我国西北地区荒漠生态系统植被恢复、荒漠植物多样性保护和荒漠生态系统研究具有很重要的保护价值。

8.1.1.2　动物区系组成

在野生动物组成方面，根据本次科考调查结果，白芨滩国家级自然保护区共有陆栖野生脊椎动物 4 纲 25 目 56 科 129 种。其中，两栖纲动物 1 目 2 科 2 属 2 种，爬行纲动物 1 目 3 科 5 属 8 种，鸟纲动物 17 目 39 科 72 属 97 种，哺乳纲动物 6 目 12 科 20 属 22 种。陆栖脊椎动物目、科、种数分别占宁夏回族自治区陆栖脊椎动物总目、科、种数的 92.6%、69.1% 和 29.8%，说明保护区陆栖脊椎动物在宁夏回族自治区野生动物多样性的保护和基础研究中占据较为重要的地位。

在保护区所有陆栖野生脊椎动物中，属于国家重点保护野生动物的有 18 种，占保护区陆栖野生脊椎动物总种数的 13.95%。其中，国家 I 级重点保护动物 1 种，即大鸨；国家 II 级重点保护动物 17 种，分别为白琵鹭、小天鹅、秃鹫、短趾雕、白尾鹞、雀鹰、苍鹰、普通鵟、大鵟、红脚隼、红隼、猎隼、雕鸮、纵纹腹小鸮、长耳鸮、荒漠猫、兔狲。

保护区分布被列入《中国濒危动物红皮书》的物种有 7 种，占保护区陆栖野生脊椎动物总种数的 5.43%。其中濒危等级 2 种，即小天鹅、荒漠猫；稀有等级 1 种，即雕鸮；易危等级 4 种，即白琵鹭、秃鹫、猎隼、大鸨。

保护区拥有《濒危野生动植物种国际贸易公约》规定的保护动物共 22 种，占保护区陆栖野生脊椎动物总种数的 17.05%。其中列入保护名录附录 II 的物种 17 种，即白琵鹭、秃鹫、短趾雕、白尾鹞、雀鹰、苍鹰、普通鵟、大鵟、红脚隼、红隼、猎隼、大鸨、雕鸮、纵纹腹小鸮、长耳鸮、荒漠猫、兔狲；列入保护名录附录 III 的物种 5 种，即大白鹭、琵嘴鸭、白眼潜鸭、黄鼬、花面狸。

保护区分布被列入《国际自然保护联盟（IUCN）濒危物种红色名录》的动物有 10 种，占保护区陆栖野生脊椎动物总种数的 7.75%。其中易危等级 1 种，即荒漠猫；接近易危 9 种，即黑斑蛙、荒漠沙蜥、丽斑麻蜥、荒漠麻蜥、白条锦蛇、虎斑颈槽蛇、白眼潜鸭、秃鹫、兔狲。

保护区"三有动物"有 92 种，占保护区陆栖野生脊椎动物总种数的 71.32%。

保护区有 41 种鸟类属《中日候鸟保护协定》的保护种类，占协定规定保护种（227种）的 18.06%，占保护区陆栖野生脊椎动物总种数的 31.78%，占保护区鸟类总种数的 42.27%。保护区有 12 种鸟类属《中澳候鸟保护协定》规定的保护鸟类，占协定保护种（81 种）的 14.81%，占保护区陆栖野生脊椎动物总种数的 9.30%，占保护区鸟类总种数的 12.37%。

保护区有 24 种动物属宁夏回族自治区重点保护野生动物，占自治区保护动物总数（51 种）的 47.06%，占保护区陆栖野生脊椎动物总种数的 18.60%。其中，两栖类 1 种，鸟类 18 种，兽类 5 种。

从白芨滩国家级自然保护区野生动物种类、列入各类野生动物保护名录的数量来看，都占有较高比例，反映出保护对象的珍贵性和保护区在野生动物保护方面发挥着重要的作用。

8.1.2 生态系统评价

8.1.2.1 典型原始的荒漠生态系统

白芨滩国家级自然保护区分布着大面积的天然柠条群落、猫头刺群落及沙冬青群落，这些超旱生的植物群落具有典型的荒漠生态系统特征，且群落保持着未受干扰的原生状态，柠条、猫头刺和沙冬青这 3 个物种与其他荒漠植物构成了类型多样的荒漠植被体系。另外，保护区内还有许多由其他物种组成的小面积的植物群落类型，如天然的杠柳群落、黑沙蒿群落、旱地芦苇群落等，这些群落类型在研究地域植被与环境之间的关系、构建自然植被生态和环境恢复方面具有极为重要的研究和保护价值。

8.1.2.2 植被类型的多样性与区系地理成分的复杂性

根据本次科考调查结果，白芨滩国家级自然保护区植被包括天然植被和人工植被两大类型，其中天然植被共包括 4 个植被型组、5 个植被型、8 个植被亚型、20 个群系组、33 个群系，人工植被包括 1 个栽培植被型组、2 个栽培植被型、2 个栽培植被亚型、3 个栽培植被系组。

就某一群落而言，白芨滩国家级自然保护区地处干旱荒漠区域，其物种组成较为单调，群落结构相对简单，但就植被类型而言，其多样性较高，这既反映了区内小生境的多样性，也反映了区系地理成分的复杂性，对于揭示植被与环境之间的复杂关系、寻求人工荒漠治理方法提供了重要的参考依据。

8.1.2.3 生态系统某些组分的稀有性

在白芨滩国家级自然保护区生态系统的构成组分中，有多种珍稀动植物种类，如沙冬青、草麻黄、荒漠猫等，这些物种在我国分布范围狭窄、数量较少，就保护区面积和生境特点而言，分布如此多的珍稀物种是比较稀有的。另外，像沙冬青群落、猫头刺群落、川藏锦鸡儿群落、霸王群落等一些特殊生境下的植物群落类型，对于研究区域环境特征和植被演替、开展植被恢复和环境治理都具有很重要的科研价值，在保护区中是弥足珍贵的。

8.1.2.4 生态演替的自然性

白芨滩国家级自然保护区属荒漠类型自然保护区，这一特殊地理环境，使区域内生态系统受人为干扰很轻，大部分地区至今仍保存着完好的自然状态，未受人为影响，生态演替正常，展示了典型的荒漠生态系统特征，具有非常高的科研价值。正是保护区这种原始的自然性状，吸引了越来越多的国内外科研工作者的关注。

8.1.2.5 植被类型的多带性与过渡属性

白芨滩国家级自然保护区位于宁夏回族自治区的中北部，而宁夏处在秦岭以北，属于北温带地区。我国的温带植被，自东南向西北，由森林向草原至荒漠呈明显带状过渡。宁夏正处在我国从东北向西南延伸的狭长的温带草原区的西端，由于深居内陆，全年降水甚少，形成干旱半干旱气候地区。西北部已与我国西北荒漠区的东缘接界，东南部通过甘肃、陕西、山西等省份的草原地区，进入落叶阔叶林区。所以，宁夏虽属草原区的范畴，主体植被以草原为主，但具有比我国其他草原地区更加旱生的性质。南部以干草原植被为主，植物种类成分以旱生的多年生草本植物为多。中部和北部多由荒漠草原群落组成。白芨滩国家级自然保护区植被是以干旱草原群落为地带性，旱生多年生草本以及强旱生和超旱生小灌木、小半灌木植物共同构成其优势成分。

草原植被的西北边缘，有连片的荒漠群落分布，在荒漠草原植被带中，常见嵌入其间的荒漠。宁夏植被的这种组合，与全国温带草原区以草甸草原和干草原为主体的植被构成状况相比，有着显著的差异，充分显示了宁夏植被自草原向荒漠过渡的性质和特征。白芨滩国家级自然保护区集干草原、荒漠和干草原向荒漠过渡三带为一体，环境特殊、植被独特、科研价值高。

8.1.2.6 生态系统的脆弱性

脆弱性反映了物种、群落、生境、生态系统及景观等方面对生态环境变化的内在敏感程度。白芨滩国家级自然保护区地处荒漠草原过渡区域，生态环境严酷，生态系统极为脆弱，使各种野生动植物的正常生存与繁衍面临很大的威胁。伴随宁夏社会经济的快速发展、人为经济活动的增强，各种干扰会不断加大，系统所面临的威胁将进一步增加，这种荒漠化生态系统一旦受到强度扰动，就会给生态系统带来不可逆转的毁灭性的灾难，因此环境极为脆弱，保护好保护区内的自然生态与野生动植物资源，对于维护环境具有重要意义。

8.1.2.7 极高的科研价值

白芨滩国家级自然保护区拥有珍贵的荒漠动植物资源和典型、完整的荒漠植被，其生物资源和地理环境构成是研究西北地区荒漠化生态系统发生、发展及演替规律的活教材，是荒漠地区重要的物种基因库，同时也汇集了多种区系地理成分，对研究植物起源及地球古生物群落演化和地史变化等具有很高的科研和学术价值。

8.2 效益评价

8.2.1 生态效益评价

8.2.1.1 保护母亲河——黄河的生态安全

白芨滩国家级自然保护区处于黄河上中游，其西侧为引黄灌区几十万公顷良田。白芨滩国家级自然保护区内天然与人工荒漠植被对于固定周围沙源、防止沙漠西扩侵入黄河河道具有重要的防护作用。随着保护区对天然植被保护力度的加强和人工植被建设的进一步扩大，保护区植被覆盖率不断增加，可有效阻止毛乌素沙地流沙的南移和西扩，减少向黄河的输沙量，确保黄河河床稳定，对保护母亲河安危起着举足轻重的重要作用。

8.2.1.2 防风固沙

白芨滩国家级自然保护区中南部地区风蚀严重，流沙危害影响周边农牧业发展。保护区不仅通过保护、封育和人工治沙造林等植被恢复措施，使流动沙丘变成半固定和固定沙丘，阻止了风沙的肆虐，还通过合理利用土地资源，扩大了保护区的经济收入，控制了沙漠的南移，对于改善灌区农田小气候及生态环境质量发挥了重要作用，使保护区内黄沙滚滚的不毛之地变成可发展生产的沙区产业基地。

8.2.1.3 资源储备能力增强

白芨滩国家级自然保护区通过严格的管护措施，对保护区范围内的地下矿产资源和水资源形成了有效保护，维持了保护区内生态系统的健康发展，为地区可持续发展提供必要的生态环境条件和物质基础。同时，保护区有效地保护了丰富多样的物种资源和遗传种质资源，随着生物工程技术的发展，这些珍贵物种作为基因资源的来源，将显示出其越来越重要的经济和生态、社会价值。

8.2.1.4 大气净化和供氧效益

白芨滩国家级自然保护区的建设和发展，直接影响周边地区特别是宁夏首府银川市及银川平原的大气环境。保护区植被建设不断取得成效，能够显著减少这一地区的沙尘暴天气和大气污染程度，为地区经济建设、社会发展和人民生活提供一个良好的大气环境。同时，保护区内植被系统在吸收二氧化碳、释放氧气、维持碳氧平衡方面也发挥重要的调节作用。

8.2.1.5 保护生态系统和生物多样性

荒漠生态系统是极脆弱的生态系统，容易遭受各种自然及人为干扰而崩溃。白芨滩国家级自然保护区包括了荒漠生态系统类型中较高的生物多样性，可谓我国荒漠类型自然保护区的典型，通过对其有效保护，维持了荒漠生态系统的健康发展，增强了其自我调节能力，维持了区域生态系统的自然演替，保护了珍贵的沙区野生动植物物种的多样性及植被类型的多样性。

8.2.1.6 保健疗养作用

白芨滩国家级自然保护区内自然环境受人为活动影响小，空气清新、负氧离子含量高，细菌含量低，尘埃少，噪声低，环境质量高，是当地居民和区内外游人保健疗养、观光度假的好去处。保护区内不断改善的生态环境，对改善当地居民生活条件和促进地方经济发展具有重要作用。

8.2.2 社会效益评价

8.2.2.1 天然实验室

白芨滩国家级自然保护区集草原、荒漠及草原向荒漠过渡 3 种地带植被类型于一体，不同植被带都有其典型自然景观和独特的科研价值。保护区内的柠条天然灌木林是全国面积最大、最集中的特有类型，猫头刺小灌木生态系统是国内已建自然保护区中面积最大的一处，保护区内荒漠生态系统中有丰富的鸟类和生境类型，这些都引起国内外地理学家、生物学家的极大研究兴趣，对于研究荒漠的演变及其植物群落发生、发展规律，研究植被生长与环境适应性之间的关系，具有重要意义，因此白芨滩国家级自然保护区是地学、生物学等基础学科科学研究的天然实验室。

8.2.2.2　科普和宣教基地

特殊的地理位置，多样的地貌土壤类型，复杂的植被类型，较为丰富的动植物种类，为公众了解和认识荒漠生态系统、接受科学普及和环保宣传教育提供了理想的素材。通过真实的荒漠地区自然生态系统演替过程的展示，可以让公众更深刻地认识荒漠化的发生、发展规律，认识生物物种之间的制约与依赖关系，了解环境对人类生存发展的重要性，提高公众环境保护意识。尤其对于青少年的教育方面，通过对保护区独特而自然的环境和生物资源展示及对保护区环境治理和植被建设的成就展示，可帮助青少年深入理解人与自然之间的关系，树立正确的环境伦理观，投身于环境保护行列之中。因此，白芨滩国家级自然保护区是灵武市以及周边县、市青少年环境保护与科普宣传的理想教育基地。

8.2.2.3　生态旅游基地

白芨滩国家级自然保护区内具有多种旅游资源，如古汉墓群、大漠景观、沙漠绿洲等人文和自然景观以及丰富的沙生、旱生野生动植物资源，通过合理的规划设计，可开发为丰富多样的生态旅游产品，使保护区成为游客了解当地自然环境和人文历史、接受生态环境教育、休闲度假、体验自然的重要场所，推动保护区乃至宁夏地区的特色旅游的发展。尤其是保护区经过几十年的奋斗，在沙漠化防治、沙区造林、植被保护、苗木培育和经济林经营方面都取得了很大成绩，为环境保护和资源利用的协调发展做出了良好的示范，可作为全国环境治理和防沙治沙的典范，具有很强的旅游参观和环境保护价值。

8.2.2.4　典范与辐射作用

白芨滩国家级自然保护区在沙区植被恢复、防治荒漠化等方面取得了很大成绩，受到了国内外科研机构、政府部门和国家领导人的重视，其在沙漠治理和植被恢复、经济发展方面的经验与成果，使其成为我国沙漠环境治理、沙区产业开发、荒漠类型生态系统自然保护区建设管理的典范，对推动其他地区环境治理起到了很好的辐射和带动作用，能够促进这些地区借鉴成功经验走规范、高效的发展之路。

8.2.2.5　加速信息交流

通过国际、国内科研和技术合作及国外援华项目的开展，促进了白芨滩国家级自然保护区与国内外相关机构的沟通，促进了彼此间的信息交流，提高了保护区自身的知名度。也吸收了更多外部的人才、技术、先进经验与成果，对繁荣科研与管理，促进技术推广，加速当地经济、文化等各方面的发展有着重要意义。同时也使少数民族优秀文化得以弘扬和传播。

8.2.2.6　促进社会安定团结

白芨滩国家级自然保护区各项事业的发展，为当地及周边地区提供了大量的就业机会，如沙区造林、苗木培育、林果经营等方面每年雇佣大量劳动力，为当地减轻了就业压力，提高了当地居民的经济收入，促进保护区与周边地区社会的安定团结。

8.2.3 经济效益评价

白芨滩国家级自然保护区多种经营与生态旅游规划的实施，可为保护区每年平均增加 2813 万元的收入，可实现利润 684 万元，上缴税收 338 万元，增强保护区的"造血"功能，增加了地方财政收入，为当地居民提供大量就业机会和增收来源。保护区收入和当地农民生活水平都得以提高，为西部地区摆脱贫困的艰巨任务减轻负担。

通过保护区多年坚持不懈的人工固沙造林和天然植被保育恢复，植被覆盖率不断增加，流动沙丘不断转变为固定沙地和多种经营基地，沙尘肆虐的恶劣天气发生频率逐渐减少，不仅为灵武市、银川市的环境保护做出了巨大贡献，也为其经济发展提供了有力的保障。

8.3 保护区管理措施评价

保护区自建立以来，不断加强自身建设，完善各项规章制度，健全管理机制，使保护区管理工作始终处于较高水平，为保护区的规范管理和健康发展奠定了坚实的基础。保护区在管理中的措施主要表现在以下方面。

8.3.1 强化制度建设

自然保护区建立以来，实行"依法治区，依法保护，打防结合"的方针，推动自然保护工作走上了法制化轨道。先后制定了分管领导带班月巡山制度、站长带班周巡查制度、护林员日巡护管理制度、野外火源管理制度、森林防火 24 小时值班制度、森林火情零报告制度等，保护区从管理局局长到各护林员、职工，层层签订岗位目标责任书，明确岗位职责、岗位目标和奖惩规定，并严格执行。通过系统化的保护区管理制度建设，有效地促进了保护区内各项管理工作的规范化和制度化，保护区管理有条不紊、科学有序。

8.3.2 推进执法责任制

保护区大力推进执法责任制建设，对森林公安分局、保护管理科、管理站以及巡护人员的执法范围、执法责任等方面都做了明确的界定，为执法工作考核提供了依据。与此同时，积极组织执法人员认真学习有关法律、法规和政策，要求持证上岗，提高了执法工作的公正性、严肃性和科学性。

8.3.3 强化防火管理

保护区林草植被较多，特别是一些防护林带密度较大，为加强防火管理，保护区按照"预防为主、积极消灭、防消结合、强化管理、落实责任、依法治火"的工作方针，成立了森林防火指挥部，全面落实防火各项措施，切实落实森林防火责任，层层签订责任状，做到责任到人、管护到点。在每年防火戒严期和重要节日到来之际，都要进行森林防火安全检查，排查火灾隐患，开展防火安全教育和防火培训，提高防火意识和安全工作的责任感，做到"火患早排除、火险早预报、火情早发现、火灾早处置"，杜绝发生重大森林火灾和人员伤亡事件，确保森林资源和人民生命财产安全。同时，保护区严格进行野外火源管理，加大森林防火督查力度，查找火灾隐患，增加巡查次数和力度，不定期、不定时地组织防火巡查和安全督察，发现问题立即整改，确保不留盲区和死角。积极利用各种宣传媒体，广泛开展宣传活动，使"护林防火，人人有责"成为每位职工的自觉行动。

8.3.4　加强社区合作

保护区高度重视社区共管工作，提出"合作共建、携手共管、和谐共享"理念，坚持将保护区建设与社区发展紧密联系，与周边乡（镇）和企业签订共管协议，请村队书记、村民委员会主任、企业负责人到保护区参观学习，了解保护区在防沙治沙、环境保护方面所做的工作和取得的成绩，并通过与社区合作，采取购买劳动力的方式，动员社区群众参与治沙造林，帮助社区群众脱贫致富，带动地方经济发展，使社区群众对保护区的作用有了进一步的认识，提高了村民的保护意识，不少社区群众放下牧羊鞭，当起了护林员，为保护区建设创造了良好的外部环境。

第 *9* 章
保护区建设成就分析及发展建议

　　本章主要通过对白芨滩国家级自然保护区本次科考与以往科考所获取的保护区野生动植物物种、植被信息以及在植被恢复、环境保护、保护区建设等方面的成果进行比较分析，总结保护区自建立以来取得的成就和面临的问题。通过总结保护区近些年在建设管理方面取得成果以及存在的不足，提出保护区在未来发展中需要重点解决的关键问题及对策措施，以促进保护区更为健康协调发展。

9.1　保护区建设管理成就分析

9.1.1　野生物种保护状况

9.1.1.1　野生植物保护状况

　　根据 1999 年第一次科考结果统计，白芨滩国家级自然保护区共有维管植物 49 科 149 属 262 种，第二次科考调查结果与第一次相比没有变化。本次科考对野生植物调查统计结果，保护区共有维管植物 55 科 172 属 311 种，相比前两次，本次科考新发现了 7 种以往在保护区没有记录到的植物，在植物种类上有所增加。同时根据野外考察结果，保护区内整体生态环境保护较好，野生植物受人为干扰较轻，大部分野生植物都能够安全生存，反映出保护区在野生植物保护方面发挥了重要作用，确保了绝大多数野生植物的安全生存和繁衍。

9.1.1.2　野生动物保护状况

　　根据 1999 年第一次科考结果统计，白芨滩国家级自然保护区有陆栖野生脊椎动物 4 纲 22 目 45 科 104 种，其中两栖纲动物 1 目 2 科 2 种，爬行纲动物 1 目 2 科 5 种，鸟纲动物 14 目 28 科 72 种，哺乳纲动物有 6 目 13 科 25 种。根据本次科考调查统计结果，保护区有陆栖野生脊椎动物 4 纲 25 目 56 科 129 种，其中两栖纲动物 1 目 2 科 2 属 2 种，爬行纲动物 1 目 3 科 5 属 8 种，鸟纲动物 17 目 39 科 72 属 97 种，哺乳纲动物有 6 目

12科20属22种，陆栖野生脊椎动物目、科、种数分别占宁夏回族自治区陆栖野生脊椎动物总目、科、种数的92.6%、69.1%和29.8%。通过两次调查结果对比分析发现，保护区内哺乳动物种类有所减少，但鸟类和爬行动物种类有所增加，尤其是鸟纲种类增加较为明显，野生动物种类总体呈增加趋势。这个调查结果既反映了白芨滩国家级自然保护区在宁夏回族自治区陆栖野生脊椎动物保护方面所发挥的重要地位，也反映出保护区近些年在野生动物保护方面所做出的巨大贡献，尤其是通过环境保护和治沙造林，保护区大部分生态环境得到改善，维护了野生动物生存的环境，野生鸟类有所增加。同时，根据科考组调查发现，由于保护区所在的灵武市作为宁夏核心经济区组成部分和国家西部重要的能源建设基地，近些年煤炭开采、石油化工和火电厂等工矿企业在保护区周边分布较多，经济开发对保护区生态环境造成了一定影响。尤其是煤炭开采对地下水的抽采，造成部分区段地下水位下降，有的河流流量减少、断流甚至枯竭，有些浅水沼泽干枯，对野生动物生存造成不利影响，特别是对野生哺乳动物，由于其活动范围和活动能力有限，饮用水源的减少对其生存影响较为明显。本次调查中反映出哺乳动物种类不仅没有增加反而有所下降。

9.1.2 植被保育恢复状况

白芨滩国家级自然保护区在植被保育恢复方面的工作主要表现在天然植被的保育恢复和人工治沙造林两个方面。

（1）在天然植被的保育恢复方面：主要通过禁牧和限制人员进入等措施，减少天然植被的人为干扰。从本次科考调查总的情况来看，保护区大部分地段范围内天然植被保护状况良好，受人为影响较小，植被维持了原有的自然状态，但在保护区局部地段仍存在人为活动频繁的现象，对天然植被的群落结构组成和生存环境造成一定影响。如龙坑风景区和甘露寺附近地段存在偷牧现象，导致了龙坑风景区局部地段砾石质低矮山丘原有天然植被的进一步退化，原来固定的沙地风蚀严重，形成新的风沙源，且有面积扩大趋势，尤其是对天然生长的柠条和重点保护植物沙冬青的生存带来威胁，而甘露寺附近的放牧则威胁到国家Ⅰ级重点保护野生植物发菜的生存。另外，在保护区北部道路两侧低缓山坡地段私自建立的墓穴数量有增多趋势，保护区外部人员和车辆沿公路两侧林地活动频繁，每年的扫墓活动对当地植被及环境造成一定破坏，且存在一定的火灾风险。

（2）在人工治沙造林方面：保护区自建立以来，坚持不懈地进行沙地治理和人工造林，每年营造人工林面积1333~2000hm²，截至目前，已累计造林42000hm²。通过多年锲而不舍的艰苦拼搏，保护区内沙漠面积不断缩小，转化为一片片人工灌丛植被。植被盖度的不断增加，对改善当地生态环境、防止沙漠扩张发挥了非常重大的作用。

从以上两个方面可以看出，保护区在植被保育恢复方面取得了极大成就，对当地和首府银川生态环境的改善发挥了重要作用。

9.1.3 植被类型及群落结构组成情况

9.1.3.1 植被类型

1999年第一次科考将白芨滩自然保护区植被划分为2个植被型组、2个植被型、

5个植被亚型、11个群系。本次科考中，对白芨滩保护区植被进行了更为详尽的调查，将保护区内天然植被划分为4个植被型组、5个植被型、8个植被亚型、20个群系组、33个群系。从植被分类结果来看，尽管作为一个荒漠类型保护区，白芨滩仍然有非常丰富多样的植物群落类型，这一成果反映了保护区地理环境的复杂性、特殊性和植物群落的多样性，同时也反映出保护区在管理上所取得的成就，如果没有严格的保护，保护区内许多独特的小生境和依附其上的植物群落将可能消失，被一处处移动沙丘所取代。

9.1.3.2　群落结构变化

通过本次科考对白芨滩国家级自然保护区天然植被和人工植被的全面调查和系统分类，对各类植物群落结构组成进行分析表明，天然植被绝大部分由于环境状况受人为干扰较轻，维持了群落自然发生演替过程中的结构组成，在群落类型及物种组成方面随环境变化而异，丰富多样。群落结构变化较大的是人工植被，即通过防风治沙人工造林建立起来的人工灌丛植被，其群落结构及物种组成有较大变化，主要表现在每年营造的人工灌木林随着时间的延伸，由最初的人工播种造林或植苗造林地逐渐演变为大片郁郁葱葱的灌木林，植被盖度不断增加。群落物种组成情况在人工治沙造林前受移动沙地特性影响因而植物种类很少，仅有少量的沙蓬、黑沙蒿和沙芦草出现，植被盖度低于4%，很少见到其他灌木和半灌木植物。人工治沙造林后，随着造林过程引入柠条、花棒、沙拐枣、黑沙蒿等灌木和草本植物的同时，林地中也逐渐出现栉叶蒿、冷蒿、软毛虫实、雾冰藜、猪毛菜等植物种类，植物多样性增加，同时林地中枯枝落叶开始增加，林地防风效果逐渐增强。经过10余年生长，人工造林地植被盖度可达30%~70%，灌木层高度可达0.6~2.2m，形成了以少数灌木种类为优势建群种的群落类型，林下草本植物种类则有所减少，以栉叶蒿、冷蒿、沙蓬、软毛虫实、雾冰藜为主。与此同时，林地环境不断改善，尤其是林地下有机质缓慢积累，地表流沙得到初步固定，由流动沙地转变为植被覆盖的林地，对保护区及宁夏整体生态环境改善起到了重要作用。

9.1.4　生态环境保护恢复状况

通过保护区多年来始终坚持不懈的建设管理和人工治沙造林，保护区生态环境有了巨大变化，原来飞沙肆虐的状况得到根本改善，一处处流动沙丘变为固定沙地，并披上了绿装，保护区植被覆盖率不断提高，沙尘暴发生次数不断减少，为整个宁夏生态环境保护和社会经济的发展做出了巨大贡献。同时，保护区生态环境保育恢复为保护区内各种野生动植物和不同类型植被的生存提供了保障。可以看出，保护区在环境建设方面的成就是巨大的，其价值难以估量。但同时也要看到，由于保护区身处宁夏经济建设的核心区，又位于国家西部能源基地建设范围内，受到各种不同程度的干扰影响，尤其是近些年宁东地区煤矿开采、保护区输电线路建设、高速公路建设和铁路建设工程项目，对保护区目前和未来的环境影响很大，需要保护区与各级政府部门积极协调并采取有效措施，减轻工程项目建设运营对保护区生物及环境的干扰破坏。

9.2　保护区建设中面临的问题

根据本次科考，对保护区面临的关键问题总结如下。

9.2.1　水资源利用问题

目前保护区每年进行治沙造林、经果林栽培和绿化景观等方面的用水量较大，部分地区需要通过抽采地下水作为水源，地下水抽采导致地下水位下降，土壤含水和向植物供水更加困难，对原有天然植被的生存会产生较大的负面影响。同时，宁东等地煤炭资源的开采，对地下水抽采也同样造成水位下降和植被的进一步衰退，使生态环境有进一步恶化趋势，原有天然植被和花费巨大人力营造的人工林会因为地下水位下降而加速衰败，固定沙地因缺水和缺乏植被保护有可能转化为活动沙地。地下水的抽采和地表河流、沼泽水量减少，对保护区内野生动物尤其是哺乳动物而言，由于丧失了饮用水源和栖息地，限制了其生存分布，影响很大。因此对上述问题要有足够的重视，及早采取协调解决措施，避免环境的进一步恶化。

9.2.2　周边社区群众对保护区资源的开采利用

由于保护区周边群众有世代野外放牧的习惯，且主要收入来源是经营种养业，因此对放牧场所的依赖性很大，在自家牧草资源不足的情况下，保护区部分地段成为周边群众偷牧的场所。由于保护区生态环境脆弱，植被覆盖度低，沙化严重，放牧对植被的破坏更为严重，导致植被不断减少，原已固定的沙化土地不断形成新的沙源，加剧了生态环境的退化。此外，在保护区其他局部地段存在采挖药材、私自修建墓穴以及私家车辆和当地居民在保护区局部地段随意穿行等现象，造成保护区一些地段植被和环境受人为影响较为突出。如有些农牧民在保护区里私挖乱采甘草、麻黄、锁阳等野生药材，对地表植被和生态环境造成破坏。

尽管保护区已经设置了多个管护站，在边界设置了围栏，并采取专人分片承包管护等一系列管理措施，但由于保护区面积大、范围广、地形复杂，周边地区农民和牧民活动频繁，巡护道路的路况较差、巡护交通工具较为落后，在保护区资源管护上还存在不足之处，需要进一步改进。

9.2.3　局部地段植被退化

在本次调查中发现，保护区内存在局部地段天然植被和人工植被退化、原有固定沙地向移动沙地转化的问题。如龙坑风景区一些低矮山丘上部柠条-沙冬青灌木林退化，沙地活化明显；沿狼皮梁去往宁东镇公路两侧部分地段原有的灌木林地和草原地带植被退化，局部形成风蚀坑和新的沙源，移动沙地面积扩大；在白芨滩管护区及长流水管护区局部地段，原有的被人工营造的灌木林地所固定的沙地，也出现局部地段沙地活化现象，如果不及时治理，流动沙地面积将进一步扩大，使前期艰辛劳动换取的部分成果付之东流。

9.2.4　资金投入不足问题

目前，保护区在环境治理、人工造林、保护区经营管理方面的经费较为缺乏，尤其是人工造林和环境治理方面的资金缺乏，只能依赖自身经营收益进行补充。由于资金有限，限制了保护区环境治理和人工造林成果的巩固，对保护区发展存在不利影响，因此获取政府部门更多的资金投入，不仅对保护区建设管理和环境治理极为重要，而且对于改善整个自治区生态环境尤其是首府银川的生态环境及社会经济发展也影响重大。

9.2.5　保护区建设有待进一步完善

保护区经过前期建设，虽然完成了许多基础设施建设，增添了一些必要的设备，但由于保护区面积大、范围广、地形复杂，周边地区农民和牧民活动频繁，巡护道路的路况较差、巡护交通工具较为落后，巡护工作耗费人力、时间，而且效率较低，这种较为落后的保护管理方式已难以适应当前管理需求，影响到保护区整体建设和管理水平的提高。

9.2.6　科研水平有待进一步提高

在长期的建设过程中，由于科研人员缺乏、科研资金不足，保护区在生产实践中积累了丰富的经验，而在总结、交流、推广先进实用技术方面的工作做得较少，仅配合各科研院校、研究机构做一些辅助性工作，难以独立对保护区资源进行深入研究和探讨。保护区的科研水平多年来得不到应有的提高，一定程度上影响了保护区各项工程建设科技含量的提高和保护区走内涵式发展的道路，难以适应国家和社会对国家级自然保护区建设和发展的要求。

9.2.7　宣教培训的广度和深入不够

保护区在生态环境治理和治沙造林方面取得的成绩举世瞩目，如何将其经验发扬光大，让更多的公众所了解并接受生态环境教育，意义重大，这就需要保护区在宣传教育和人才培训方面开展更多的工作。目前保护区的防沙治沙展览馆及相应设施设备、宣教培训队伍和能力建设方面正在建设之中，需要在未来的建设管理中加大宣传影响，向社会介绍和展示保护区的保护对象和功能，以便让更多的人了解保护区，让更多的人走进保护区，让社会都来关注保护区这一绿色家园。因此，需要进一步完善宣教设施，加强与大专院校的合作，改善教育培训的软、硬件环境，全面提高宣教效果。

总之，通过多年来保护区各级领导和职工的不懈努力和辛勤建设，保护区建设取得巨大成就，尤其是晋升为国家级自然保护区后，保护区各项建设取得了尤为明显的进展，保护区管理机构不断健全，人员配备和管理设施不断完善，管理工作不断规范，科研力量不断加强，管理成效不断提高。保护区的建设和发展得到宁夏回族自治区有关领导部门的肯定和赞赏，被评价为"起步最晚、条件最艰苦、环境最差、面临的困难多，但建设工作已走在全自治区的前列"。

9.3 保护区建设的对策建议

针对本次科考过程中所发现的问题，提出以下对策措施。

9.3.1 提高对保护区在野生动植物保护中重要作用的认识

白芨滩国家级自然保护区作为荒漠类型的自然保护区，受制于气候环境，其生物种类不可能像湿润半湿润地区一样丰富，但其特有的干旱半干旱区荒漠草原向荒漠植被过渡的环境条件及植被组成，不仅保护并维持了众多非常珍贵的干旱半干旱灌草植物种类，而且作为野生鸟类迁徙的中转站，为众多的野生鸟类尤其是一些国家重点保护鸟类提供了休憩繁殖场所，其意义非常重要。在今后的建设管理中，应进一步加强对野生动植物的保护管理，完善相关设施，加强野生动植物监测，提高对野生动植物保护价值的认识。

9.3.2 采取积极措施减少对地下水源的抽采

针对矿产资源开采和人工抽采地下水引起的地下水位下降问题所引发的长远负面影响，在思想上要有高度的认识，积极采取相关措施，减缓地下水下降趋势及其带来的负面影响。一方面，要对宁东等地的工矿企业地下水抽采导致的地下水位下降问题进行积极的监测分析，将相关问题与各级政府部门进行协商解决。另一方面，在保护区生态用水方面，要加强水量控制、节约用水，减少地下水抽采，减缓地下水位下降带来的负面影响。

9.3.3 加强对偷牧和其他人为活动的管理

针对偷牧、采挖药材、修建墓穴以及私家车辆和当地居民在保护区局部地段随意穿行现象，保护区应建立更为完善的管理体系，减缓上述影响，维护保护区野生动植物生存环境安全。

9.3.4 加强对退化地段环境的治理和退化植被的恢复建设

针对保护区内天然植被和人工植被退化较为明显、地表沙化严重的地段，应引起高度重视，及早采取人工环境治理和植被恢复措施，阻止植被和环境的进一步退化。在某种意义上，对这些退化植被及环境的及时治理，能起到事半功倍的效果，防患于未然，其重要性甚至超出花费同样人力、财力所进行的沙地治理。

9.3.5 争取国家和自治区政府更多的财政支持

几十年来，保护区各届干部职工发扬自力更生、艰苦奋斗的创业精神，在毛乌素沙漠西南边缘营造了一条东西长 48km、南北宽 38km 的绿色屏障，有效阻止了毛乌素沙漠南移和西扩，对宁夏生态环境建设做出了卓越的贡献。如今保护区在护林防火、防沙治沙方面的任务依然很艰巨，尤其是在流动沙地造林、部分半固定沙地的退化植被恢复、林地管护、基础设施建设等方面，既需要保护区全体人员继续发扬自力更生、艰苦奋斗的精神，更需要国家和自治区政府更多的财政支持，解决保护区建设与管理中所面临的资金不足问题。

9.3.6 进一步完善保护区设施设备及人才队伍建设，提高保护区管理能力

针对保护区面积大、范围广、地形复杂，周边地区农民和牧民活动频繁，巡护道路路况较差、巡护交通工具较为落后的状况，应积极完善相关设施设备，同时加大对现有队伍能力和业务水平的培训教育，提高保护区的管理能力和管理水平。

9.3.7 加强保护区的宣传教育功能

白芨滩国家级自然保护区在生态环境治理和治沙造林方面取得的经验对于我国其他地区沙漠环境治理具有非常重要的借鉴意义，也是公众接受环境教育、提高环保意识的重要阵地。目前保护区在宣传教育方面的作用还没有得到充分发挥，下一步需要加大宣传力度，向社会介绍和展示保护区的功能和建设成就，让社会都来关注保护区这一绿色家园。因此，需要进一步完善宣教设施，加强与大专院校的合作，改善教育培训的软、硬件环境，全面提高宣教效果。

参考文献

白玲，任国栋．宁夏甲虫的多样性及地理分布[J]．西北农业学报，2015，24(5)：133-140．

戴治稼．发菜研究的回顾[J]．宁夏大学学报：自然科学版，1992，13(1)：71-76．

国家环境保护局，中华人民共和国濒危物种科学委员会[编]，汪松[主编]．中国濒危动物红皮书
  [M]．北京：科学出版社，1998．

何恒斌．沙冬青群落及其根瘤菌的研究[D]．北京：北京林业大学，2008．

何恒斌，张惠娟，贾桂霞．磴口县沙冬青种群结构和空间分布格局的研究[J]．林业科学，2006，10：
  13-18．

李刚．做好发掘保护工作为古生物进化提供依据[N]．宁夏日报，2007-8-22．

李迎运，张大治．宁夏灵武白芨滩国家级自然保护区蜻蜓目昆虫多样性及区系[J]．环境昆虫学报，
  2015，37(3)：492-497．

李占文，王东菊，王建勋，等．灰斑古毒蛾对宁夏东部干旱山沙区灌木林危害和气候关系及其综合防
  控技术研究[J]．植物检疫，2010，24(5)：55-57．

李志军．宁夏野生动物资源概况[J]．宁夏农林科技，2007(3)：27-28．

梁文裕，孙兰芳，王俊．发菜人工培养的研究进展[J]．农业科学研究，2007，01：40-44．

马德滋，刘惠兰．宁夏植物志(第一卷)[M]．银川：宁夏人民出版社，1986．

马松梅，张明理，陈曦．沙冬青属植物在亚洲中部荒漠区的潜在地理分布及驱动因子分析[J]．中国
  沙漠，2012，05：1301-1307．

马艳．宁夏灵武白芨滩荒漠景观破碎化生境对地表甲虫多样性的影响[D]．银川：宁夏大学，2015．

能乃扎布．内蒙古昆虫志(第一卷，第一册)[M]．呼和浩特：内蒙古人民出版社，1988．

宁夏农业勘察设计院，宁夏畜牧局，宁夏农学院．宁夏植被[M]．银川：宁夏人民出版社，1988．

齐一聪，董茜，陈莉．水洞沟遗址公园的建设缺憾与保护路径[J]．城乡建设，2012(7)：45-47．

钱凯先，朱浩然，陈树谷．发菜的生态条件及其规律分析[J]．植物生态学与地植物学学报，1989，
  02：97-105．

秦长育．宁夏啮齿动物区系及动物地理区划[J]．兽类学报，1991，11(2)：143-151．

秦长育，李克昌．宁夏啮齿动物与防制[M]．银川：宁夏人民出版社，2003．

曲利明．中国鸟类图鉴[M]．福州：海峡出版发行集团，2013．

任国栋，贾龙．宁夏拟步甲的多样性组成与区系[J]．环境昆虫学报，2013，35(3)：277-288．

任国栋，于有志，侯文君．中国荒漠半荒漠地区拟步甲的组成和分布特点[J]．河北大学学报：自然
  科学版，1999，19(2)：176-183．

石建宁，邵崇斌．宁夏引黄灌区森林草原虫鼠害危害现状与规律的研究[D]．杨凌：西北农林科技大
  学，2005．

宋朝枢，王有德．宁夏白芨滩自然保护区科学考察集[M]．北京：中国林业出版社，1999．

宋永昌．对中国植被分类系统的认知和建议[J]．植物生态学报，2011，35(08)：882-892．

孙晓杰，任国栋．内蒙古拟步甲多样性与区系组成分析[J]．内蒙古大学学报：自然科学版，2015，
  46(5)：541-547．

唐进年，赵明，张盹明，等．发菜的生物学特性及资源保护[J]．中国野生植物资源，2000，05：
  20-24．

田涛，张涛，魏浩，等．灵武市鼠疫自然疫源地鼠情监测及干预性灭鼠效果评价[J]．疾病预防控制通报，2014，29(6)：32－34.

汪松．中国濒危动物红皮书(兽类、鸟类、两栖爬行类)[M]．北京：科学出版社，1998.

汪松，解焱．中国物种红色名录[M]．北京：高等教育出版社，2005.

王才，杨玉刚，王兴东．基于防沙治沙的生态旅游发展探讨——以宁夏灵武白芨滩国家级自然保护区为例[J]．宁夏农林科技，2011，52(3)：33－35.

王华，贾桂霞，丁琼．沙冬青抗逆性研究进展与应用前景[J]．中国农学通报，2005，12：121－125.

王香亭．宁夏脊椎动物志[M]．银川：宁夏人民出版社，1990.

王燕，张大治．宁夏灵武白芨滩国家级自然保护区半翅目昆虫多样性及区系研究[J]．四川动物，2015，34(4)：534－540.

吴虎上，能乃扎布．呼伦贝尔草地蝗虫[M]．北京：中国农业出版社，2009.

吴征镒．中国植被[M]．北京：科学出版社，1980.

杨新芳，乔木，朱自安．近十年发菜的研究进展[J]．中央民族大学学报：自然科学版，2010，03：16－20，25.

杨主泉，胡振琪，吴忠军．桂林彭祖坪自然保护区生态旅游资源开发与保护探讨[J]．福建林业科技，2006，33(2)：189－222.

于有志，张显理．宁夏两栖爬行动物区系分析及地理区划[J]．宁夏大学学报：自然科学版，1990，11(2)：82－89.

约翰·马敬能，卡伦·菲力普斯，等．中国鸟类野外手册[M]．卢何芬，译．长沙：湖南教育出版社，2000.

展秀丽，韩磊．宁夏白芨滩地区风沙土理化性质初步研究[J]．中国农学通报，2015，01：186－190.

张大治，张显理．宁夏两栖动物地理分布[J]．宁夏农林科技，1997(4)：33.

张娇，李岳诚，张大治．宁夏白芨滩不同生境土壤动物多样性及其与环境因子的相关性[J]．浙江大学学报：农业与生命科学版，2015，41(4)：428－438.

张荣祖．中国动物地理[M]．北京：科学出版社，1999.

张蓉，魏淑花，高立原，等．宁夏草原昆虫原色图鉴[M]．北京：中国农业科学技术出版社，2014.

张显理，于有志．宁夏哺乳动物区系与地理区划研究[J]．兽类学报，1995，15(2)：128－136.

张显理，于有志．宁夏回族自治区爬行动物区系与地理区划[J]．四川动物，2002，21(3)：149－151.

张新时．中国植被地理格局与植被区划——中华人民共和国植被图集 1100 万说明书[M]．北京：地质出版社，2007.

赵肯堂．内蒙古自治区爬行动物区系与地理区划[J]．四川动物，2002，21(3)：118－122.

郑光美．中国鸟类分类与分布名录[M]．北京：科学出版社，2011.

附　表

附表1　白芨滩国家级自然保护区植物名录

科名	属名	种名
念珠藻科 Nostocaceae	念珠藻属 Nostoc	发菜（发状念珠藻）N. commune var. flagelliforme
木贼科 Equisetaceae	木贼属 Equisetum	节节草 E. ramosissimum
		大问荆 E. palustre
		问荆 E. arvense
松科 Pinaceae	云杉属 Picea	青海云杉 P. crassifolia
	松属 Pinus	樟子松 P. sylvestris var. mongolica
		油松 P. tabulaeformis
柏科 Cupressaceae	刺柏属 Juniperus	杜松 J. rigida
	侧柏属 Platyeladus	侧柏 P. orientalis
	圆柏属 Sabina	圆柏 S. chinensis
		叉子圆柏 S. valgaris
麻黄科 Ephedraceae	麻黄属 Ephedra	膜果麻黄 E. przewalskii
		中麻黄 E. intermedia
		草麻黄 E. sinica
杨柳科 Salicaceae	杨属 Populus	银白杨 P. alba
		新疆杨 P. alba var. pyramidalis
		胡杨 P. euphratica
		河北杨 P. hopeienis
		箭杆杨 P. nigra var. thevestina
		小叶杨 P. simonii
		毛白杨 P. tomentosa
		欧洲山杨 P. tremula
		小钻杨 P. xiaozhuanica
	柳属 Salix	垂柳 S. babylonica
		黄柳 S. gordejeviia
		旱柳 S. matsudana
		龙爪柳 S. matsudana var. tortusa
		细枝柳 S. gracilior
		北沙柳 S. psammophila

（续）

科名	属名	种名
胡桃科 Jaglandaceae	核桃属 Juglans	核桃 J. regia
榆科 Ulmaceae	榆属 Ulmus	榆树 U. pumila
		垂榆 U. pumila f. tenue
桑科 Moraceae	桑属 Morus	桑 M. alba
蓼科 Polygonaceae	枝木蓼属 Atraphaxis	刺针枝蓼 A. pungens
		沙木蓼 A. frutescens
	沙拐枣属 Calligonum	沙拐枣 C. mongolicum
	蓼属 Polygonum	扁蓄 P. aviculare
	酸模属 Rumezx	皱叶酸模 R. crispus
藜科 Chenopodiaceae	沙蓬属 Agriophyllum	沙蓬 A. squarrosum
	滨藜属 Atriplex	中亚滨藜 A. centralasiatica
		西伯利亚滨藜 A. sibirica
	雾冰藜属 Bassia	雾冰藜 B. dasyphylla
	藜属 Chenopodium	尖头叶藜 C. acuminatum
		刺藜 C. aristafum
		藜 C. album
		灰绿藜 C. glaucum
		小白藜 C. iljinii
		小藜 C. serofinum
	虫实属 Corispernum	长穗虫实 C. elongatum
		中亚虫实 C. heptapofamicum
		蒙古虫实 C. mongolicum
		烛台虫实 C. candelabrum
		瘤果虫实 C. tylocarpum
	盐生草属 Halgeton	白茎盐生草 H. arachnoideus
	盐爪爪属 Kalidium	尖叶盐爪爪 K. cuspidatum
		盐爪爪 K. foliatum
		细枝盐爪爪 K. gracile
	地肤属 Kochia	地肤 K. scoparia
		扫帚苗 K. trichophylla
		碱地肤 K. steverstana
	猪毛草属 Salsola	木本猪毛菜 S. arbuscula
		猪毛菜 S. collina
		展翅猪毛菜 S. ikonnikouii
		松叶猪毛菜 S. laricifolia
		珍珠猪毛菜 S. passerina
		薄刺猪毛菜 S. pellucida
		刺沙蓬 S. pestifor
	碱蓬属 Suaeda	碱蓬 S. glauca
		茄叶碱蓬 S. przeuialskyii
		盐地碱蓬 S. salsa
	合头草属 Sympegma	合头草 S. regelii

（续）

科名	属名	种名
苋科 Amaranthaceae	苋属 Amaranthus	反枝苋 A. retroflexus
石竹科 Caryophyllaceae	霞草属 Gypsophila	狭叶草原霞草 G. davurica
	牛漆姑草属 Spergularis	牛漆姑草 S. salina
	麦瓶草属 Silene	麦瓶草 S. conoidea
	繁缕属 Stellaria	银柴胡 S. dichotoma var. lanceolata
毛茛科 Ranunculaceae	碱毛茛属 Halerpestes	水葫芦苗 H. eymbataria
		长叶碱毛茛 H. ruthenica
	铁线莲属 Clematis	灰叶铁线莲 C. tomentella
	芍药属 Paeonia	芍药 P. lactiflora
小檗科 Berberidaceae	小檗属 Berberis	西伯利亚小檗 B. sibirica
		紫叶小檗 B. thunbergii var. atropurpurea
罂粟科 Papaveraceae	角茴香属 Hypecoum	角茴香 H. erectum
十字花科 Cruciferae	芸薹属 Brassica	苤蓝 B. caulorapa
		青菜 B. chinensis
		芥 B. juncen
		大头菜 B. napobrassica
		白菜 B. pekenensis
	独行菜属 Lepidium	独行菜 L. aperalum
		宽叶独行菜 L. latifolium
	沙芥属 Pugionium	宽翅沙芥 P. dolabratum
		沙芥 P. conutum
	燥原芥属 Ptilotrichum	燥原芥 P. canescens
	蔊菜属 Rorippa	风花菜 R. palustris
	萝卜属 Ruphanus	萝卜 R. sativus
	扭果芥属 Torularia	蚓果芥 T. humilis
蔷薇科 Rosaceae	木瓜属 Chaenomeles	皱皮木瓜 C. speciosa
	苹果属 Malus	红花 M. asiatica
		苹果 M. pumila
		海棠花 M. spectabilis
	委陵菜属 Potentilla	星毛委陵菜 P. acaulis
		朝天委陵菜 P. supina
		二裂委陵菜 P. bifurca
		西山委陵菜 P. sishanensis
		鹅绒委陵菜 P. anserina
	扁核木属 Prinsepin	扁核木 P. uniflora
	李属 Prunus	杏 P. armeniaca
		桃 P. persica
	梨属 Pyrus	杜梨 P. betulaefolia
		白梨 P. bretschneideri
		洋梨 P. communis
		沙梨 P. pyrifolia

（续）

科名	属名	种名
蔷薇科 Rosaceae	蔷薇属 Rosa	玫瑰 R. ragosa
		黄刺玫 R. xanthina
豆科 Leguminosae	合欢属 Albizia	合欢 A. julibrissin
	沙冬青属 Ammopiptanthus	沙冬青 A. mongolicus
	紫穗槐属 Amorpha	紫穗槐 A. fruticosa
	黄芪属 Astragalus	直立黄芪 A. adsurgens
		单叶黄芪 A. efoliolatus
		乳白花黄芪 A. galactites
		草木犀状黄芪 A. melilotoides
		盐生黄芪 A. salsugineus var. multijugus
		糙叶黄芪 A. scaberrimus
	锦鸡儿属 Caragana	短脚锦鸡儿 C. brachypoda
		中间锦鸡儿 C. intermedia
		甘肃锦鸡儿 C. kansuensis
		柠条锦鸡儿 C. korshinskii
		小叶锦鸡儿 C. mcirophylla
		猫耳锦鸡儿 C. roborokyi
		细叶锦鸡儿 C. stenophylla
		毛刺锦鸡儿 C. tibetica
	皂角属 Gleditsia	皂荚 G. sinensis
	大豆属 Glycine	大豆 G. max
	甘草属 Glycyrrhiza	甘草 G. uralensis
	米口袋属 Gueldensiaedtio	米口袋 G. multiflora
		狭叶米口袋 G. stenophylla
	岩黄芪属 Hedysarum	短翼岩黄芪 H. brachypterum
		塔落岩黄芪 H. leave
		蒙古岩黄芪 H. mongolicum
		细枝岩黄芪 H. scoparium
		红花岩黄芪 H. multijugum
	胡枝子属 Lespedeza	达乌里胡枝子 L. dauvrica
		牛枝子 L. potaninii
	苜蓿属 Medicago	紫花苜蓿 M. satiua
	草木犀属 Melilotus	白香草木犀 M. albus
		草木犀 M. suaueolens
	棘豆属 Oxytropis	刺叶柄棘豆 O. aciphylla
		二色棘豆 O. bicolor
		珍珠棘豆 O. psammocharis
		鳞萼棘豆 O. squammulosa
	菜豆属 Phaseolus	绿豆 P. radiatus
		菜豆 P. vulgaris
	刺槐属 Robinia	刺槐 R. pseudoacacia

（续）

科名	属名	种名
豆科 Leguminosae	槐属 Sophora	槐树 S. japonica
		龙爪槐 S. japonica var. pendula
		苦豆子 S. alopecuroides
	苦马豆属 Swainsona	苦马豆 S. saisula
	黄华属 Thermopsis	披针叶黄华 T. lanceolata
	野豌豆属 Vicia	巢菜 V. sativa
亚麻科 Linaceae	亚麻属 Linum	宿根亚麻 L. perenne
	胡芦巴属 Trigonella	胡芦巴 T. foenum-graecum
牻牛儿苗科 Geraniaceae	牻牛儿苗属 Erodium	太阳花 E. stephanianum
蒺藜科 Zygophyllaceae	白刺属 Nitraria	小果白刺 N. sibirica
		白刺 N. tangutorum
	骆驼蓬属 Peganum	匍根骆驼蓬 P. nigellastrum
	蒺藜属 Tribulus	蒺藜 T. terrestris
	霸王属 Zygophyllum	草霸王 Z. mucro – natum
		霸王 Z. xanthoxylum
芸香科 Rutaceae	拟芸香属 Haplophyllum	北芸香 H. dauricum
苦木科 Simarubaceae	臭椿属 Ailanthus	臭椿 A. altissima
远志科 Polygalaceae	远志属 Polygala	西伯利亚远志 P. sibirica
		远志 P. tenuifolia
大戟科 Euphorbiaceae	大戟属 Euphorbia	沙生大戟 E. kozlovi
		狭叶沙生大戟 E. kozlovi var. angustifolia
		泽漆 E. helioscopia
漆树科 Anacardiaceae	盐肤木属 Rhus	火炬树 R. typhina
卫矛科 Celastraceae	卫矛属 Euonymus	白杜 E. bungeanus
槭树科 Aceraceae	槭属 Acer	复叶槭 A. negundo
无患子科 Sapindaceae	文冠果属 Xanthoceras	文冠果 X. sorbifolia
鼠李科 Rhamnaceae	枣属 Zizipus	枣 Z. zizyphus
		酸枣 Z. zizyphus var. spinosa
葡萄科 Vitaceae	葡萄属 Vitis	葡萄 V. vinifera
锦葵科 Malvaceae	木槿属 Hibiscus	木槿 H. syriacus
		野西瓜苗 H. trionum
	锦葵属 Malva	锦葵 M. sinensis
	蜀葵属 Althaea	蜀葵 A. rosea
柽柳科 Tamaricaceae	水柏枝属 Myricaria	宽苞水柏枝 M. bracteata
		宽叶水柏枝 M. platyphylla
	红砂属 Reaumuria	红砂 R. Soongorica
	柽柳属 Tamarix	甘蒙柽柳 T. austromogolica
		柽柳 T. chinensis
		多枝柽柳 T. ramsissima
胡颓子科 Elaeagnaceae	沙棘属 Hippophae	沙棘 H. rhamnoides
	胡颓子属 Elaeagnus	沙枣 E. angustrifolia

（续）

科名	属名	种名
锁阳科 Cynomoriaceae	锁阳属 Cynomorium	锁阳 C. songaricum
伞形科 Umbelliferae	柴胡属 Bupleurum	红柴胡 B. scorzonerifolium
	阿魏属 Ferula	沙茴香 F. bungeana
报春花科 Primulaceae	海乳草属 Glaux	海乳草 G. maritima
	点地梅属 Adrosace	点地梅 A. umbellata
蓝雪科 Plumbaginaceae	补血草属 Limonium	二色补血草 L. bicolor
		黄花补血草 L. aureum
木犀科 Oleaceae	白蜡属 Fraxinus	白蜡 F. chinensis
		水曲柳 F. mandshurica
	连翘属 Forsythia	连翘 F. suspensa
	丁香属 Syringa	北京丁香 S. pekinesis
		洋丁香 S. vulgaris
萝藦科 Asclepiadaceae	鹅绒藤属 Cynanchum	羊角子草 C. cathayense
		鹅绒藤 C. chinenese
		地梢瓜 C. thesioides
		老瓜头 C. komarouii
	杠柳属 Periploca	杠柳 P. sepium
旋花科 Convolvulaceae	菟丝子属 Cuscuta	菟丝子 C. chinensis
	旋花属 Convolvulus	银灰旋花 C. ammanii
		田旋花 C. arvensis
		刺旋花 C. tragacanthoides
	打碗花属 Calystegia	打碗花 C. hederacea
紫草科 Boraginaceae	琉璃草属 Cynoglossum	大果琉璃草 C. divaricatum
	砂引草属 Messerschmidia	砂引草 M. sibirica
	鹤虱属 Lappula	异刺鹤虱 L. heteracantha
		鹤虱 L. myosotis
唇形科 Labiatae	兔唇花属 Laguchilus	冬青叶兔唇花 L. ilicifolius
	脓疮草属 Panzeria	脓疮草 P. alaschanica
茄科 Solanaceae	枸杞属 Lycium	宁夏枸杞 L. barbarum
		枸杞 L. chinense
	茄属 Solanum	龙葵 S. nigrum
	曼陀罗属 Datura	曼陀罗 D. stramonium
紫葳科 Bignoniaceae	角蒿属 Incarvillea	角蒿 I. sinensis
列当科 Orobanchaceae	列当属 Orobanche	列当 O. coerulescens
	肉苁蓉属 Cistanche	宁夏肉苁蓉 C. ningxiaensis
		盐生肉苁蓉 C. salsa
		沙苁蓉 C. sinensis
车前科 Plantaginaceae	车前属 Plantago	平车前 P. depressai
		细叶车前 P. lessingii
菊科 Compositae	亚菊属 Ajania	铺散亚菊 A. khartensis
		灌木亚菊 A. fruticulosa

（续）

科名	属名	种名
菊科 Compositae	亚菊属 Ajania	细叶亚菊 A. tenuifolia
	牛蒡属 Aretium	牛蒡 A. lappa
	蒿属 Artemisia	碱蒿 A. anethifolia
		莳萝蒿 A. anetholdes
		黄花蒿 A. annus
		艾蒿 A. argyi
		沙蒿 A. desertorum
		冷蒿 A. frigida
		野艾蒿 A. lavandulaefolia
		蒙古蒿 A. mongolica
		黑沙蒿 A. ordosica
		猪毛蒿 A. scoparia
		白沙蒿 A. sphaerocephala
		辽东蒿 A. verbenacea
		糜蒿 A. dalai-lamae
	鬼针草属 Bidens	小花鬼针草 B. parviflora
	飞廉属 Cardums	飞廉 C. crispus
	刺儿菜属 Cephalanoplos	刺儿菜 C. segetum
		大蓟 C. setosum
	蓝刺头属 Echinops	砂蓝刺头 E. gmelini
	絮蒿属 Elachanthemum	絮蒿 E. intricata
	狗娃花属 Heteropappus	阿尔泰狗娃花 H. altaicus
	向日葵属 Helianthus	向日葵 H. annuus
	旋复花属 Inula	蓼子朴 I. salsoloides
	苦荬菜属 Ixcris	山苦菜 I. chinensis
	苓菊属 Jurinea	蒙疆苓菊 J. mongolia
	花花柴属 Karelinia	花花柴 K. caspia
	莴苣属 Lactuca	蒙古莴苣 L. tatartca
	栉叶蒿属 Neopallasia	栉叶蒿 N. pectinata
	鳍蓟属 Olgacea	鳍蓟 O. leucophylla
	凤毛菊属 Saussurea	盐地凤毛菊 S. salsa
		凤毛菊 S. japonica
	鸦葱属 Scorgonera	叉枝鸦葱 S. divaricata
	苦苣菜属 Sonchus	苣荬菜 S. brachyotus
		苦苣菜 S. olearceus
	蒲公英属 Taraxacum	多裂蒲公英 T. dissectum
		华蒲公英 T. sinicum
	苍耳属 Xanthium	苍耳 X. sibiricum
香蒲科 Typhaceae	香蒲属 Typha	狭叶香蒲 T. angustifolia
		小香蒲 T. minima
眼子菜科 Potamogetonceae	眼子菜属 Potamogeton	眼子菜 P. distinctus

（续）

科名	属名	种名
水麦冬科 Scheuchzeriaceae	水麦冬属 Triglochin	海韭菜 T. maritimum
禾本科 Gramineae	芨芨草属 Achnatherum	芨芨草 A. splendens
	冰草属 Agropyron	沙芦草 A. mongolicum
		沙生冰草 A. desertorum
	獐毛属 Aeluropus	小獐毛 A. littoralis
	三芒草属 Aristida	三芒草 A. adseensionis
	燕麦属 Avena	野燕麦 A. fatua
	拂子茅属 Calamagrostis	拂子茅 C. epigejos
		假苇拂子茅 C. pseaudophrogmites
	虎尾草属 Chliris	虎尾草 C. virgata
	隐子草属 Cleiistogenes	细弱隐子草 C. gracilis
		无芒隐子草 C. songorica
		糙隐子草 C. squarrosa
	稗属 Echinochloa	稗（稗子）E. crusgalii
	披碱草属 EIymus	披碱草 E. dahurieus
	画眉草属 Eragrostis	小画眉 E. poaeoides
	大麦属 Hordeum	大麦 H. vulgare
	赖草属 Leymus	赖草（宾草）L. seculinus
	稻属 Oryza	稻 O. sativa
	冠芒草属 Enneapogon	冠芒草 E. borealis
	稷属 Panicum	稷 P. miliaceum
	狼尾草属 Pennisetum	白草 P. centrasiaticum
	芦苇属 Phragmites	芦苇 P. australis
	沙鞭属 Psammochloa	沙鞭（沙竹）P. mongolica
	细柄茅属 Ptilagrostis	双叉细柄茅 P. dichotoma
	碱茅属 Pucenellia	碱茅 P. distans
	狗尾草属 Setaria	狗尾草 S. viridis
	针茅属 Stipa	短花针茅 S. breviflora
		沙生芒草 S. glareosa
		戈壁针茅 S. tianshanica
	锋芒草属 Tragus	锋芒草 T. mongolorum
	草沙蚕属 Tripogon	中华草沙蚕 T. chinensis
莎草科 Cyderaceae	苔草属 Carex	卵穗苔草 C. duriusula
		异穗苔草 C. heterostachya
		中亚苔革 C. stenophylloides
百合科 Liliaceae	葱属 Allium	蒙古韭（沙葱）A. mongolicum
		多根葱 A. polyrrhigum
		细叶葱 A. tenuissimum
	天门冬属 Asparagus	戈壁天门冬 A. gobicus
鸢尾科 Iridaceae	鸢尾属 Iris	大苞鸢尾 I. bungei
		马蔺 I. lacteal
		细叶马蔺 I. tenuifolia

附表2 白芨滩国家级自然保护区野生脊椎动物名录

目名	科名	种名
两栖动物1目2科2种		
无尾目 ANURA	（一）蟾蜍科 Bufonidae	1. 花背蟾蜍 *Bufo raddei*
	（二）蛙科 Ranidae	2. 黑斑蛙 *Rana nigromaculata*
爬行动物1目3科8种		
有鳞目 SQUAMATA	（一）鬣蜥科 Agamidae	1. 草原沙蜥 *Phrynocephalus frontalis*
		2. 荒漠沙蜥 *Phrynocephalus przewalskii*
	（二）蜥蜴科 Lacertidae	3. 密点麻蜥 *Eremias multiocellata*
		4. 丽斑麻蜥 *Eremias argus*
		5. 荒漠麻蜥 *Eremias przewalskii*
	（三）游蛇科 Colubridae	6. 黄脊游蛇 *Coluber spinalis*
		7. 白条锦蛇 *Elaphe dione*
		8. 虎斑颈槽蛇 *Rhabdophis tigrina*
鸟类动物17目39科97种		
一、鸊鷉目 PODICIPEDIFORMES	（一）鸊鷉科 Podicipedidae	1. 小鸊鷉 *Tachybaptus ruficollis*
		2. 凤头鸊鷉 *Podiceps cristatus*
		3. 黑颈鸊鷉 *Podiceps nigricollis*
二、鹈形目 PELECANIFORMES	（二）鸬鹚科 Phalacrocoracidae	4. 普通鸬鹚 *Phalacrocorax carbo*
三、鹳形目 CICONIIFORMES	（三）鹭科 Ardeidae	5. 苍鹭 *Ardea cinerea*
		6. 草鹭 *Ardea purpurea*
		7. 大白鹭 *Egretta alba*
		8. 夜鹭 *Nycticorax nycticorax*
		9. 黄苇鳽 *Ixobrychus sinensis*
	（四）鹮科 Threskiornithidae	10. 白琵鹭 *Platalea leucorodia*
四、雁形目 ANSERIFORMES	（五）鸭科 Anatidae	11. 小天鹅 *Cygnus columbianus*
		12. 灰雁 *Anser anser*
		13. 赤麻鸭 *Tadorna ferruginea*
		14. 赤膀鸭 *Anas strepera*
		15. 绿头鸭 *Anas platyrhynchos*
		16. 斑嘴鸭 *Anas poecilorhyncha*
		17. 琵嘴鸭 *Anas clypeata*
		18. 白眼潜鸭 *Aythya nyroca*
		19. 红头潜鸭 *Aythya ferina*
		20. 赤嘴潜鸭 *Netta rufina*
五、隼形目 FALCONIFORMES	（六）鹰科 Accipitridae	21. 秃鹫 *Aegypius monachus*
		22. 短趾雕 *Circaetus gallicus*
		23. 白尾鹞 *Circus cyaneus*
		24. 雀鹰 *Accipiter nisus*
		25. 苍鹰 *Accipiter gentilis*
		26. 普通鵟 *Buteo buteo*
		27. 大鵟 *Buteo hemilasius*
	（七）隼科 Falconidae	28. 红脚隼 *Falco amurensis*
		29. 红隼 *Falco tinnunculus*
		30. 猎隼 *Falco cherrug*

（续）

目名	科名	种名
六、鸡形目 GALLIFORMES	（八）雉科 Phasianidae	31. 环颈雉 *Phasianus colchicus* 32. 斑翅山鹑 *Perdix dauuricae* 33. 石鸡 *Alectoris chukar*
七、鹤形目 GRUIFORMES	（九）秧鸡科 Rallidae	34. 骨顶鸡 *Fulica atra* 35. 黑水鸡 *Gallinula chloropus*
	（十）鸨科 Otididae	36. 大鸨 *Otis tarda*
八、鸻形目 CHARADRIIFORMES	（十一）鸻科 Charadriidae	37. 灰头麦鸡 *Vanellus cinereus* 38. 凤头麦鸡 *Vanellus vanellus* 39. 金眶鸻 *Charadrius dubius*
	（十二）鹬科 Scolopacidae	40. 鹤鹬 *Tringa erythropus* 41. 红脚鹬 *Tringa totanus* 42. 白腰草鹬 *Tringa ochropus* 43. 泽鹬 *Tringa stagnatilis*
	（十三）反嘴鹬科 Recurvirostridae	44. 黑翅长脚鹬 *Himantopus himantopus*
	（十四）鸥科 Laridae	45. 普通燕鸥 *Sterna hirundo* 46. 灰翅浮鸥 *Chlidonias hybrida*
九、沙鸡目 PTEROCLIDIFORMES	（十五）沙鸡科 Pteroclididae	47. 毛腿沙鸡 *Syrrhaptes paradoxus*
十、鸽形目 COLUMBIFORMES	（十六）鸠鸽科 Columbidae	48. 灰斑鸠 *Streptopelia decaocto* 49. 珠颈斑鸠 *Streptopelia chinensis*
十一、鹃形目 CUCULIFORMES	（十七）杜鹃科 Cuculidae	50. 大杜鹃 *Cuculus canorus*
十二、鸮形目 STRIGIFORMES	（十八）鸱鸮科 Strigidae	51. 雕鸮 *Bubo bubo* 52. 纵纹腹小鸮 *Athene noctua* 53. 长耳鸮 *Asio otus*
十三、雨燕目 APODIFORMES	（十九）雨燕科 Apodidae	54. 楼燕 *Apus apus*
十四、佛法僧目 CORACIIFORMES	（二十）翠鸟科 Alcedinidae	55. 普通翠鸟 *Alcedo atthis*
十五、戴胜目 UPUPIFORMES	（二十一）戴胜科 Upupidae	56. 戴胜 *Upupa epops*
十六、䴕形目 PICIFORMES	（二十二）啄木鸟科 Picidae	57. 灰头绿啄木鸟 *Picus canus* 58. 大斑啄木鸟 *Dendrocopos major*
十七、雀形目 PASSERIFORMES	（二十三）百灵科 Alaudidae	59. 短趾百灵 *Calandrella cheleensis* 60. 凤头百灵 *Galerida cristata*
	（二十四）燕科 Hirundinidae	61. 家燕 *Hirundo rustica* 62. 金腰燕 *Hirundo daurica* 63. 崖沙燕 *Riparia riparia*
	（二十五）鹡鸰科 Motacillidae	64. 黄头鹡鸰 *Motacilla citreola* 65. 灰鹡鸰 *Motacilla cinerea* 66. 白鹡鸰 *Motacilla alba* 67. 树鹨 *Anthus hodgsoni* 68. 水鹨 *Anthus spinoletta*
	（二十六）鹎科 Pycnonotidae	69. 白头鹎 *Pycnonotus sinensis*
	（二十七）伯劳科 Laniidae	70. 红尾伯劳 *Lanius cristatus* 71. 楔尾伯劳 *Lanius sphenocercus*

（续）

目名	科名	种名
十七、雀形目 PASSERIFORMES	（二十八）椋鸟科 Sturnidae	72. 灰椋鸟 *Sturnus cineraceus*
	（二十九）鸦科 Corvidae	73. 喜鹊 *Pica pica* 74. 灰喜鹊 *Cyanopica cyana* 75. 红嘴山鸦 *Pyrrhocorax pyrrhocorax* 76. 小嘴乌鸦 *Corvus corone* 77. 达乌里寒鸦 *Corvus dauurica*
	（三十）鸫科 Turdidae	78. 赤颈鸫 *Turdus ruficollis* 79. 斑鸫 *Turdus eunomus* 80. 虎斑地鸫 *Zoothera dauma*
	（三十一）鹟科 Muscicapidae	81. 红胁蓝尾鸲 *Tarsiger cyanurus* 82. 北红尾鸲 *Phoenicurus auroreus* 83. 白顶䳭 *Oenanthe hispanica* 84. 黑喉石䳭 *Saxicola torquata*
	（三十二）鸦雀科 Panuridae	85. 文须雀 *Panurus biarmicus*
	（三十三）扇尾莺科 Cisticolidae	86. 山鹛 *Rhopophilus pekinensis*
	（三十四）莺科 Sylviidae	87. 东方大苇莺 *Acrocephalus orientalis* 88. 黄腰柳莺 *Phylloscopus proregulus*
	（三十五）山雀科 Paridae	89. 大山雀 *Parus major*
	（三十六）长尾山雀科 Aegithalidae	90. 北长尾山雀 *Aegithalos caudatus* 91. 银喉长尾山雀 *Aegithalos glaucogularis*
	（三十七）麻雀科 Passeridae	92. 麻雀 *Passer montanus*
	（三十八）燕雀科 Fringillidae	93. 金翅雀 *Carduelis sinica* 94. 燕雀 *Fringilla montifringilla*
	（三十九）鹀科 Emberizidae	95. 三道眉草鹀 *Emberiza cioides* 96. 小鹀 *Emberiza pusilla* 97. 苇鹀 *Emberiza pallasi*

哺乳动物 6 目 12 科 22 种

目名	科名	种名
一、猬形目 ERINACEOMORPHA	（一）猬科 Erinaceidae	1. 达乌尔猬 *Mesechinus dauricus*
二、鼩形目 SORICOMORPHA	（二）鼹科 Talpidae	2. 麝鼹 *Scaptochirus moschatus*
三、翼手目 CHIROPTERA	（三）蝙蝠科 Vespertilionidae	3. 普通蝙蝠 *Vespertilio murinus*
四、兔形目 LAGOMORPHA	（四）兔科 Leporidae	4. 托氏兔 *Lepus tolai*
五、啮齿目 RODENTIA	（五）松鼠科 Sciuridae	5. 达乌尔黄鼠 *Citellus dauricus*
	（六）跳鼠科 Dipodidae	6. 三趾跳鼠 *Dipus sagitta* 7. 五趾跳鼠 *Allactaga sibirica*
	（七）仓鼠科 Cricetidae	8. 长爪沙鼠 *Meriones unguiculatus* 9. 中华鼢鼠 *Myospalax fontanieri* 10. 东方田鼠 *Microtus fortis* 11. 麝鼠 *Ondatra zibethicus*
	（八）鼠科 Muridae	12. 褐家鼠 *Rattus norvegicus* 13. 小家鼠 *Mus musculus*

（续）

目名	科名	种名
六、食肉目 CARNIVORA	（九）犬科 Canidae	14. 赤狐 *Vulpes vulpes* 15. 沙狐 *Vulpes corsac*
	（十）鼬科 Mustelidae	16. 黄鼬 *Mustela sibirica* 17. 虎鼬 *Vormela peregusna* 18. 狗獾 *Meles leucurus* 19. 猪獾 *Arctonyx collaris*
	（十一）猫科 Felidae	20. 荒漠猫 *Felis bieti* 21. 兔狲 *Felis manul*
	（十二）灵猫科 Viverridae	22. 花面狸 *Paguma larvata*

附表 3　白芨滩国家级自然保护区鸟类空间分布统计

物　种	长流水上游景区	长流水下游水库和管理站树林	长流水三岔沟	大泉管理站树林和果园	大泉管理站渔湖	甜水河管理站树林	甜水河管理站贼沟门	白芨滩管理站树林	白芨滩管理站四号水库	白芨滩管理站东湾村树林	马鞍山管理站树林	圆疙瘩湖	鸳鸯湖	荒漠和沙地生境(路途多处)
1. 小鸊鷉 *Tachybaptus ruficollis*	+	+			+							+	+	+
2. 凤头鸊鷉 *Podiceps cristatus*												+		
3. 黑颈鸊鷉 *Podiceps nigricollis*												+		
4. 普通鸬鹚 *Phalacrocorax carbo*												+		
5. 苍鹭 *Ardea cinerea*		+										+		
6. 草鹭 *Ardea purpurea*												+		
7. 大白鹭 *Egretta alba*					+							+		
8. 夜鹭 *Nycticorax nycticorax*		+										+		
9. 黄苇鳽 *Ixobrychus sinensis*												+		
10. 白琵鹭 *Platalea leucorodia*												+	+	
11. 小天鹅 *Cygnus columbianus*												+		
12. 灰雁 *Anser anser*												+		
13. 赤麻鸭 *Tadorna ferruginea*			+											
14. 斑嘴鸭 *Anas poecilorhyncha*	+	+			+									
15. 赤膀鸭 *Anas strepera*												+	+	
16. 琵嘴鸭 *Anas clypeata*												+		
17. 绿头鸭 *Anas platyrhynchos*												+		
18. 白眼潜鸭 *Aythya nyroca*													+	
19. 红头潜鸭 *Aythya ferina*												+	+	
20. 赤嘴潜鸭 *Netta rufina*												+		
21. 短趾雕 *Circaetus gallicus*												+		
22. 白尾鹞 *Circus cyaneus*												+		
23. 雀鹰 *Accipiter nisus*		+			+									
24. 苍鹰 *Accipiter gentilis*		+												
25. 普通鵟 *Buteo buteo*					+									+
26. 大鵟 *Buteo hemilasius*														+
27. 红脚隼 *Falco amurensis*											+			+
28. 红隼 *Falco tinnunculus*	+	+			+	+	+	+			+			+
29. 猎隼 *Falco cherrug*														
30. 环颈雉 *Phasianus colchicus*	+	+	+		+		+	+			+	+		+
31. 斑翅山鹑 *Perdix dauuricae*										+	+			+
32. 石鸡 *Alectoris chukar*	+										+			+
33. 骨顶鸡 *Fulica atra*					+						+	+	+	
34. 黑水鸡 *Gallinula chloropus*							+				+	+		
35. 灰头麦鸡 *Vanellus cinereus*	+		+	+	+						+			
36. 凤头麦鸡 *Vanellus vanellus*												+	+	
37. 金眶鸻 *Charadrius dubius*			+									+		
38. 鹤鹬 *Tringa erythropus*					+									

（续）

物　种	长流水上游景区	长流水下游水库和管理站树林	长流水三岔沟	大泉管理站树林和果园	大泉管理站渔湖	甜水河管理站树林	甜水河管理站贼沟门	白芨滩管理站树林	白芨滩管理站四号水库	白芨滩管理站东湾村树林	马鞍山管理站树林	圆疙瘩湖	鸳鸯湖	荒漠和沙地生境（路途多处）
39. 泽鹬 *Tringa stagnatilis*					+								+	
40. 红脚鹬 *Tringa totanus*													+	+
41. 白腰草鹬 *Tringa ochropus*	+	+			+									
42. 黑翅长脚鹬 *Himantopus himantopus*													+	
43. 普通燕鸥 *Sterna hirundo*												+	+	
44. 灰翅浮鸥 *Chlidonias hybrida*													+	+
45. 毛腿沙鸡 *Syrrhaptes paradoxus*													+	
46. 灰斑鸠 *Streptopelia decaocto*	+	+		+	+	+	+	+	+					
47. 珠颈斑鸠 *Streptopelia chinensis*	+			+		+		+						
48. 大杜鹃 *Cuculus canorus*	+													
49. 雕鸮 *Bubo bubo*											+			
50. 纵纹腹小鸮 *Athene noctua*	+													+
51. 长耳鸮 *Asio otus*								+						
52. 楼燕 *Apus apus*							+				+			+
53. 普通翠鸟 *Alcedo atthis*				+										
54. 戴胜 *Upupa epops*	+	+	+	+				+			+			
55. 灰头绿啄木鸟 *Picus canus*							+	+						
56. 大斑啄木鸟 *Dendrocopos major*	+	+				+	+	+						
57. 短趾百灵 *Calandrella cheleensis*	+		+											+
58. 凤头百灵 *Galerida cristata*	+	+	+										+	+
59. 家燕 *Hirundo rustica*	+					+	+							
60. 金腰燕 *Hirundo daurica*							+							
61. 崖沙燕 *Riparia riparia*		+												
62. 黄头鹡鸰 *Motacilla citreola*	+													
63. 灰鹡鸰 *Motacilla cinerea*							+							
64. 白鹡鸰 *Motacilla alba*	+	+									+			
65. 树鹨 *Anthus hodgsoni*		+						+						
66. 水鹨 *Anthus spinoletta*												+	+	
67. 白头鹎 *Pycnonotus sinensis*				+							+			
68. 红尾伯劳 *Lanius cristatus*	+			+										
69. 楔尾伯劳 *Lanius sphenocercus*	+	+		+									+	+
70. 灰椋鸟 *Sturnus cineraceus*		+		+						+				
71. 喜鹊 *Pica pica*	+	+	+	+	+	+	+	+	+		+	+	+	
72. 灰喜鹊 *Cyanopica cyana*	+			+										
73. 红嘴山鸦 *Pyrrhocorax pyrrhocorax*	+													
74. 小嘴乌鸦 *Corvus corone*								+						
75. 达乌里寒鸦 *Corvus dauurica*								+						
76. 赤颈鸫 *Turdus ruficollis*	+	+	+	+	+	+	+							

（续）

物　　种	长流水上游景区	长流水下游水库和管理站树林	长流水三岔沟	大泉管理站树林和果园	大泉管理站渔湖	甜水河管理站树林	甜水河管理站贼沟门	白芨滩管理站树林	白芨滩管理站四号水库	白芨滩管理站东湾村树林	马鞍山管理站树林	圆疙瘩湖	鸳鸯湖	荒漠和沙地生境（路途多处）
77. 斑鸫 *Turdus eunomus*		+						+						
78. 虎斑地鸫 *Zoothera dauma*														+
79. 红胁蓝尾鸲 *Tarsiger cyanurus*	+	+												
80. 北红尾鸲 *Phoenicurus auroreus*	+	+				+	+	+		+				
81. 白顶鵙 *Oenanthe hispanica*	+		+											+
82. 黑喉石鵙 *Saxicola torquata*	+													
83. 文须雀 *Panurus biarmicus*		+										+		
84. 山鹛 *Rhopophilus pekinensis*	+	+		+	+			+		+	+		+	+
85. 东方大苇莺 *Acrocephalus orientalis*		+										+		
86. 黄腰柳莺 *Phylloscopus proregulus*	+	+												
87. 大山雀 *Parus major*								+			+			
88. 北长尾山雀 *Aegithalos caudatus*											+			
89. 银喉长尾山雀 *Aegithalos caudatus*								+			+			
90. 麻雀 *Passer montanus*	+	+	+	+	+	+	+	+		+	+	+	+	+
91. 金翅雀 *Carduelis sinica*		+		+		+	+				+		+	
92. 燕雀 *Fringilla montifringilla*		+								+				
93. 三道眉草鹀 *Emberiza cioides*		+								+				+
94. 小鹀 *Emberiza pusilla*		+		+			+							+
95. 苇鹀 *Emberiza pallasi*	+	+										+		

注：秃鹫（*Aegypius monachus*）和大鸨（*Otis tarda*）据当地人了解保护区及周边地区少见，本次考察未见。

附表 4　白芨滩国家级自然保护区昆虫名录

目名	科名	种　名
一、半翅目 HEMIPTERA	1. 蝽科 Pentatomidae	实蝽 *Antheminia pusio*（Kolenati） 多毛实蝽 *Antheminia varicornis*（Jakovlev）* 蠋蝽 *Arma custos*（Fabricius）* 斑须蝽 *Dolycoris baccarum*（L.）* 紫翅果蝽 *Carpocoris purpureipennis*（De Geer）* 金绿真蝽 *Pentatoma metallifera*（Motshulsky）* 红足真蝽 *Pentatoma rufipes*（L.）* 苍蝽 *Brachynema germarii*（Kolenati）* 横纹菜蝽 *Eurydema gebleri* Kolenat* 斑菜蝽 *Eurydema dominulus*（Scopoli）* 新疆菜蝽 *Eurydema festiva* Horvath*
	2. 猎蝽科 Reduviidae	中黑土猎蝽 *Coranus lativentris* Jakovlev 大土猎蝽 *Coranus magnus* Hsiao et Ren* 淡带荆猎蝽 *Acanthaspis cincticrus* Stål*
	3. 盲蝽科 Miridae	四点苜蓿盲蝽 *Adelphocoris quadeipunctatus*（Fabricius, 1794） 牧草盲蝽 *Lygus pratensis*（L.）* 绿盲蝽 *Lygus lucorum* Meyer-Dur* 三点盲蝽 *Adelphocoris fasciaticollis* Reuter* 苜蓿盲蝽 *Adelphocoris lineolatus* Goeze* 中黑盲蝽 *Adelphocoris suturalis* Jackson* 克氏圆额盲蝽 *Leptopterna kerzhneri* Vinokurov* 黑点食蚜盲蝽 *Deraecoris punctulatus*（Falien）* 赤须盲蝽 *Trigonotylus ruficornis* Geoffroy* 山地狭盲蝽 *Stenodema alpestre* Reuter*
	4. 缘蝽科 Coreidae	波原缘蝽 *Coreus potanini*（Jakovlev, 1890） 亚姬缘蝽 *Corizus albomarginatus* Blöte 闭环缘蝽 *Stictopleurus nysioides* Reuter* 欧环缘蝽 *Stictopleurus punctatonervosus*（Goeze）* 刺腹颗缘蝽 *Coriomeris nigridens* Jakovlev* 刺缘蝽 *Centrocoris volxemi* Puton* 细角迷缘蝽 *Myrmus glabellus* Horvath* 角蛛缘蝽 *Alydus angulus* Hsiao* 亚蛛缘蝽 *Alydus zichyi* Horvath*
	5. 长蝽科 Lygaeidae	小长蝽 *Nysius ericae*（Schilling） 桃红长蝽 *Lygaeus murinus*（Kiritschenko, 1914） 横带红长蝽 *Lygaeus equestris*（L.）* 丝光小长蝽 *Nysius thymi*（Wolff）* 宽边叶缘长蝽 *Emblethis dilaticollis* Dohrn* 大眼长蝽 *Geocoris pallidipennis*（Costa）*
	6. 红蝽科 Pyrrhocoridae	地红蝽 *Pyrrhocoris tibialis* Stål*
	7. 姬蝽科 Nabidae	淡色姬蝽 *Nabis palifer*（Seidenstucker）*

（续）

目名	科名	种 名
二、鳞翅目 LEPIDOPTERA	8. 粉蝶科 Pieridae	斑缘豆粉蝶 *Colias erate*（Esper, 1808）
	9. 灰蝶科 Lycaenidae	红珠灰蝶 *Lycueides argyrognomon*（Bergstrasser, 1779）
三、脉翅目 NEUROPTERA	10. 草蛉科 Chrysopidae	中华通草蛉 *Chrysopa sinica*（Tieder, 1936）
四、膜翅目 HYMENOPTERA	11. 蜾蠃科 Eumenidea	高原沟蜾蠃 *Ancistrocerus waltoni*（Meade-Waldo）
	12. 马蜂科 Polistidae	角马蜂 *Polistes antennalis* Perez
	13. 熊蜂科 Bombidae	瑞熊蜂 *Bombus richardsi*（Reing, 1895）
	14. 蜜蜂科 Apidae	中华蜜蜂 *Apis cerana* Fabricius
五、鞘翅目 COLEOPTERA	15. 拟步甲科 Tenebrionidae	突角漠甲 *Teigonocnera pseudopimelia*（Reitter, 1889） 尖尾东鳖甲 *Anatolica mucronata* Reitter, 1889 弯齿琵甲 *Blaps femoralis* Fischer Waldheim 纯齿琵甲 *Blaps femoralis medusula* Skopin * 条脊单土甲 *Monatrum tuberculiferum*（Reitter） 波氏东鳖甲 *Anatolia potanini* Reitter, 1889 克小鳖甲 *Microdera kraatzi*（Reitter） 拟步行琵甲 *Btaos caraboides*（Allard, 1882） 小丽东鳖甲 *Anatolica mirabilis* Kaszab * 阿小鳖甲 *Microdera kraatz alashanica* Spokin * 谢氏宽漠王 *Mantichorula semenowi* Frivaldszky * 维氏漠王 *Platyope victori* Schuster et Reymond * 蒙古漠王 *Platyope mongolica* Faldermann * 多毛宽漠甲 *Siernoplax setosa setosa* Bates * 泥脊漠甲 *Pterocoma vittata hedini* Schust * 莱氏脊漠甲 *Pterocoma reitteri* Frivaldszky * 光背方土甲 *Myladina lissonota* Reitter * 奥氏真土甲 *Eumylada potanini* Reitter * 异距昆甲 *Blaps kiritshenkoi* Semenow
	16. 瓢虫科 Coccinellidae	七星瓢虫 *Coccinella septempuctata*（Linnaeus, 1758） 菱斑巧瓢虫 *Oenopia conglobatu*（Linnnaeus, 1758） 异色瓢虫十九星变种 *Harmonia axyridis* ab. Ovemdecim- punctata 多异瓢虫 *Hippodamia variegate*（Goeze）
	17. 叩甲总科 Elateroidea	细胸金针虫 *Agriates fusiaollis* Miwa
	18. 粪金龟科 Geotrupidae	波笨粪金龟 *Lethrus potanini* Jakovlev, 1890
	19. 象甲科 Curculionidae	金树绿叶象 *Phyllobius virideaeris* Laicharting, 1781 黑条简喙象 *Lixus nigrolineatus* Voss, 1807 大筒缘象 *Lixus divaricatus* Motschulsky, 1860
	20. 叶甲科 Chrysomelidae	沙蒿金叶甲 *Chrysolino aeruginosa*（Faidemann, 1835） 紫榆叶甲 *Ambrostoma quadriimpressum*（Motschulsky） 杨叶甲 *Chrysomela populi* L.
	21. 芫菁科 Meloidae	苹斑芫菁 *Mylabnis calida*（Pallas, 1782）

（续）

目名	科名	种名
六、蜻蜓目 ODONATA	22. 蜻科 Libellulidae	大黄赤蜻 *Symptrum uniforms* Selys 红蜻 *Crocothemis servilia*（Drury）* 异色多纹蜻 *Deielia phaon*（Selys）* 白尾灰蜻 *Orthetrum albistylum* Selys* 黄蜻 *Pantala flavescens*（Fabricius）* 秋赤蜻 *Sympetrum frequens*（Selys）* 黄腿赤蜻 *Sympetrum imitans* Selys*
	23. 蜓科 Aeshnidae	黑纹伟蜓 *Anax nigrofasciatus* Oguma* 碧伟蜓 *Anax parthenope julius*（Brauer）*
	24. 蟌科 Coenagrionidae	蓝纹尾蟌 *Coenagrion dyeri*（Fraser）* 心斑绿蟌 *Enallagma cyathigerum* Charpentier* 长叶异痣蟌 *Ischnura elegans* Vander Linden* 褐斑异痣蟌 *Ischnura senegalensis* Rambur*
七、双翅目 DIPTERA	25. 虻科 Tabanidae	斜纹黄虻 *Atylotus pulchellus karybenthinus*（Szilady）
	26. 食蚜蝇科 Syrphidae	印度窄腹食蚜蝇 *Spaerophoria indiana* Bigot
八、螳螂目 MANTODEA	27. 螳螂科 Mantidae	薄翅螳螂 *Mantis religiosa* Linnaeus
九、同翅目 HOMOPTERA	28. 叶蝉科 Cicadellidae	截突刻纹叶蝉 *Goniagnathus pimctifer* Walker 榆叶蝉 *Empoasca bipunctata* Oshida* 烟翅小绿叶蝉 *Empoasca limbifera* Matsumura* 黑纹片角叶蝉 *Idiocerus koreanus* Matsumura*
	29. 象蜡蝉科 Dictyopharidae	伯瑞象蜡蝉 *Dictyophara patraelis*（Stal，1859）
	30. 沫蝉科 Cercopidae	沫蝉 *Froghopper* sp.
十、直翅目 ORTHOPTERA	31. 癞蝗科 Pamphagidae	贺兰山疙蝗 *Pseudotmethyis alashanicus* B. -Bienko
	32. 斑腿蝗科 Catantopidae	黑腿星翅蝗 *Calliptamus barbarous*（Costa，1836） 中华稻蝗 *Oxya chinensis*（Thunberg，1825）
	33. 斑翅蝗科 Oedipododae	宁夏束颈蝗 *Sphingongonotus ningsianus* Zheng et Gow
	34. 网翅蝗科 Arcypteridae	素色异爪蝗 *Euchorthippus unicolor*（Ikonnikov，1913） 黑翅雏蝗 *Chorthippus aethalinus*（Zubovsky，1899）
	35. 剑角蝗科 Acrididae	中华剑角蝗 *Acrida cinerea*（Thunberg，1815）
	36. 蟋蟀科 Gryllidae	银川油葫芦 *Teleogryllus infernalis*（Saussure，1877）

注：＊为根据前人相关研究文献记载的物种。

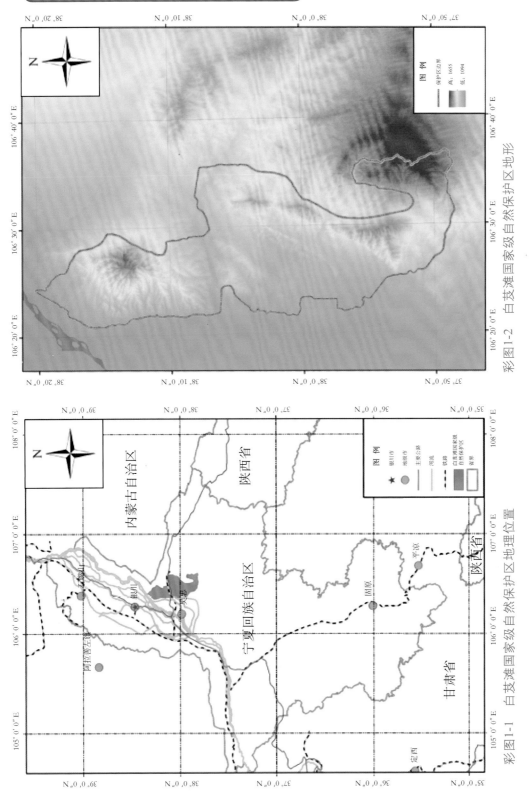

彩图1-2 白芨滩国家级自然保护区地形

彩图1-1 白芨滩国家级自然保护区地理位置

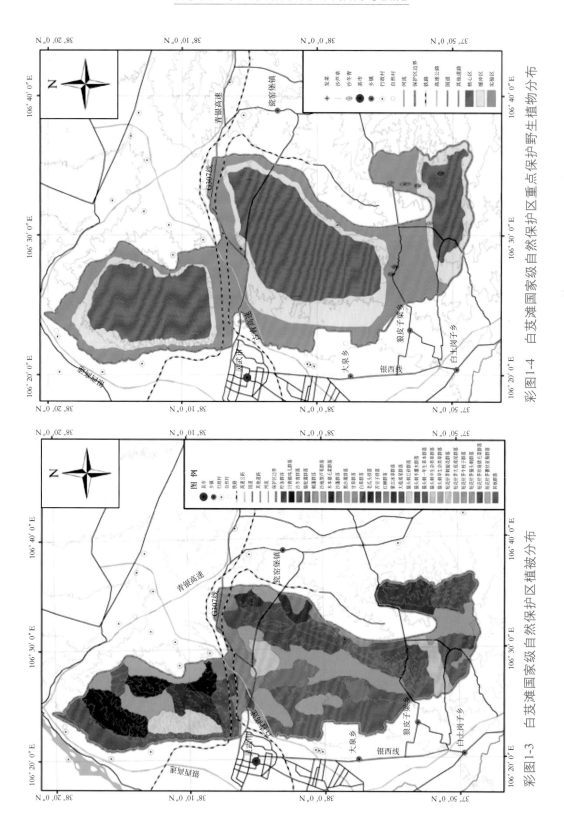

彩图1-4 白芨滩国家级自然保护区重点保护野生植物分布

彩图1-3 白芨滩国家级自然保护区植被分布

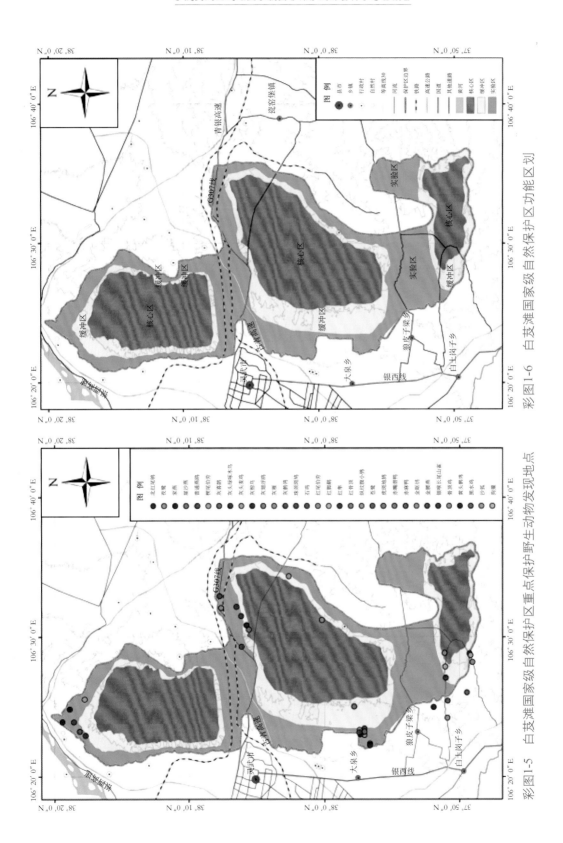

彩图1-6 白芨滩国家级自然保护区功能区划

彩图1-5 白芨滩国家级自然保护区重点保护野生动物发现地点

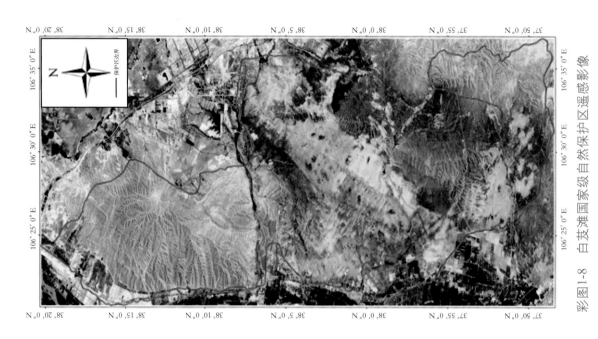

彩图1-8 白芨滩国家级自然保护区遥感影像

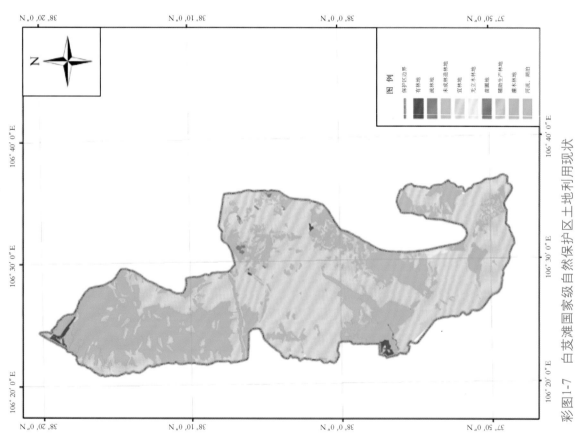

彩图1-7 白芨滩国家级自然保护区土地利用现状

彩图2-1　紫花苜蓿

彩图2-2　角蒿

彩图2-4　猫头刺

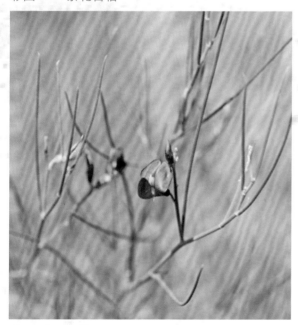

彩图2-3　花棒

彩图2-5　猫头刺的花果

彩图2-6　沙木蓼　　　　　　　彩图2-7　新疆杨　　　　　　　彩图2-8　甘肃锦鸡儿

彩图2-9　戈壁天门冬　　　　　彩图2-10　霸王　　　　　　　彩图2-11　匍根骆驼蓬

彩图2-12　角茴香（2015　彩图2-13　长叶碱毛茛（花）　彩图2-14　银灰旋花　　彩图2-15　沙枣
年调查新发现，罂粟科）

彩图3-1　短花针茅+猫头刺群丛

彩图3-2　短花针茅+硬质早熟禾－木本猪毛菜群丛

彩图3-3　短花针茅－刺旋花群丛

彩图3-4　柠条－栉叶蒿群丛

彩图3-5　柠条+黑沙蒿－沙蓬群丛

彩图3-6　柠条+沙冬青－猫头刺群丛

彩图3-7　沙冬青+柠条－栉叶蒿群丛

彩图3-8　沙冬青+猫头刺-猪毛蒿群丛

彩图3-9　黑沙蒿+沙冬青+杠柳群丛

彩图3-10　黑沙蒿+沙冬青-白草群丛

彩图3-11　猫头刺-猪毛蒿群丛

彩图3-12　尖头叶藜群丛

彩图3-13　黑沙蒿-栉叶蒿群丛

宁夏灵武白芨滩国家级自然保护区综合科学考察报告

彩图3-14　黑沙蒿单优群丛

彩图3-15　黑沙蒿-雾冰藜+猪毛菜群丛　　彩图3-16　黑沙蒿-冷蒿群丛　　彩图3-17　黑沙蒿+杠柳-栅叶蒿群丛

彩图3-18　黑沙蒿-沙鞭群丛

彩图3-19　黑沙蒿-芦苇群丛　　　　　彩图3-20　黑沙蒿+柠条群丛

彩图3-21　黑沙蒿－砂蓝刺头群丛

彩图3-22　黑沙蒿+牛枝子－砂蓝刺头群丛

彩图3-23　黑沙蒿－栉叶蒿+沙蓬群丛

彩图3-24　黑沙蒿+草木犀状黄芪群丛

彩图3-25　杠柳+黑沙蒿－狗尾草群丛

彩图3-26　苦豆子群丛

彩图3-27　白草+甘草群丛

彩图3-28　沙蓬群丛

彩图3-29　柠条单优群丛

彩图3-30　柠条－冷蒿+芦苇群丛

彩图3-31　柠条+花棒群丛

彩图3-32　柠条+沙拐枣群丛

彩图3-33　柠条+黑沙蒿群丛

彩图3-34　花棒+柠条+沙拐枣群丛

彩图3-35　花棒+沙拐枣－冷蒿群丛

彩图3-36　花棒+柠条－冷蒿群丛

彩图3-37　花棒+黑沙蒿群丛　　　　　　　彩图3-38　沙拐枣单优群丛

彩图3-39　沙拐枣+沙木蓼－芦苇群丛

彩图3-40　毛柳+黑沙蒿群丛　　　　　　　彩图3-41　黑沙蒿+花棒群丛

彩图3-42　猫头刺+霸王群丛　　　　　　　彩图3-43　猫头刺+阿拉善锦鸡儿群丛

彩图3-44　猫头刺+木本猪毛菜－短花针茅群丛

彩图3-45　猫头刺+木本猪毛菜群丛

彩图3-46　川藏锦鸡儿－短花针茅群丛

彩图3-47　川藏锦鸡儿+阿拉善锦鸡儿+木本猪毛菜群丛

彩图3-48　川藏锦鸡儿+霸王群丛

彩图3-49　川藏锦鸡儿+红砂+霸王群丛

彩图3-50　阿拉善锦鸡儿+沙冬青+牛枝子－硬质早熟禾群丛

彩图3-51　珍珠猪毛菜群丛

彩图3-52　珍珠猪毛菜+红砂荒漠群丛

彩图3-53　红砂群丛

彩图3-54　刺旋花+木本猪毛菜－硬质早熟禾群丛

彩图3-55　刺旋花+沙冬青－短花针茅群丛

彩图3-56　霸王+沙冬青+猫头刺－短花针茅群丛　　彩图3-57　沙冬青+柠条+猫头刺群丛

彩图3-58　沙冬青+黑沙蒿+猫头刺群丛

彩图3-59　沙冬青+猫头刺群丛　　　　　彩图3-60　芨芨草群丛

彩图3-61　狭叶香蒲群丛

彩图3-62　芦苇群丛

彩图3-63　扁秆藨草群丛

彩图3-64　樟子松林

彩图3-65　旱柳林

彩图3-66　小叶杨林

彩图3-67　沙枣林

彩图3-68　发菜

彩图3-69　沙芥（花）

彩图3-70　沙芥（果）

彩图3-71　蒙古韭

彩图3-72　沙冬青群落

彩图3-73　沙冬青植株及果实

彩图3-74　芦苇

彩图3-75　沙拐枣的花和果

彩图3-76　柠条群落

彩图3-77　柠条植株

彩图4-1 草原沙蜥

彩图4-2 密点麻蜥

彩图4-3 荒漠麻蜥

彩图4-4 苍鹭

彩图4-5 苍鹭及巢穴

彩图4-6 夜鹭

彩图4-7 夜鹭和苍鹭繁殖群

彩图4-8　灰雁

彩图4-9　赤麻鸭

彩图4-10　雀鹰

彩图4-11　红隼

彩图4-12　环颈雉

彩图4-13　斑翅山鹑

彩图4-14　石鸡

彩图4-15　灰头麦鸡

彩图4-16　金眶鸻

彩图4-17　珠颈斑鸠

彩图4-18　纵纹腹小鸮

彩图4-19　戴胜

彩图4-20　大斑啄木鸟

彩图4-21　凤头百灵

彩图4-22　黄头鹡鸰

彩图4-23　白鹡鸰

彩图4-24　树鹨

彩图4-25　白头鹎

彩图4-26　红尾伯劳（成鸟+幼鸟）

彩图4-27　灰椋鸟

彩图4-28　灰椋鸟迁徙季节大量集群

彩图4-29　灰喜鹊

彩图4-30　红嘴山鸦

彩图4-31　赤颈鸫

彩图4-32　北红尾鸲（雄）　　　　　　彩图4-33　北红尾鸲（雌）

彩图4-34　白顶䳭（雄）　　　　　　彩图4-35　白顶䳭（雌）

彩图4-36　斑鸫　　彩图4-37　大山雀　　彩图4-38　银喉长尾山雀

彩图4-39　金翅雀

彩图4-40　小鹀

彩图4-41　苇鹀

彩图4-42　达乌尔黄鼠

彩图4-43　麝鼹洞穴

彩图4-44　长爪沙鼠洞穴

彩图4-45　狗獾洞穴

彩图4-46　狗獾粪便